建筑工程新技术丛书

5

围护结构节能技术
新型空调和采暖技术

主　编　林　寿　杨嗣信
副主编　余志成　侯君伟　高玉亭　吴　琏

中国建筑工业出版社

图书在版编目（CIP）数据

　　围护结构节能技术　新型空调和采暖技术/林寿，杨嗣信主编．—北京：中国建筑工业出版社，2009
　　（建筑工程新技术丛书5）
　　ISBN 978-7-112-11133-6

　　Ⅰ.围… Ⅱ.①林…②杨… Ⅲ.①建筑物-围护结构-节能-新技术应用②房屋建筑设备：空气调节设备-新技术应用③房屋建筑设备：采暖设备-新技术应用 Ⅳ.TU111.4-39 TU83-39

　　中国版本图书馆 CIP 数据核字（2009）第 118119 号

建筑工程新技术丛书
5
围护结构节能技术
新型空调和采暖技术
主编　林　寿　杨嗣信
副主编　余志成　侯君伟　高玉亭　吴　琏
*
中国建筑工业出版社出版、发行（北京西郊百万庄）
各地新华书店、建筑书店经销
北京红光制版公司制版
北京同文印刷有限责任公司印刷
*
开本：850×1168 毫米　1/32　印张：6　字数：175 千字
2009 年 10 月第一版　2010 年 4 月第二次印刷
定价：**16.00** 元
ISBN 978-7-112-11133-6
(18386)

版权所有　翻印必究
如有印装质量问题，可寄本社退换
（邮政编码 100037）

本书是《建筑工程新技术丛书》之五，以围护结构节能技术及新型空调和采暖技术为专题，详细介绍了近些年，在建筑工程施工领域所采用的新技术、新工艺和新材料，旨在为新技术的推广应用起到促进作用。

*　　*　　*

责任编辑：周世明
责任设计：赵明霞
责任校对：王金珠　梁珊珊

《建筑工程新技术丛书》
编写委员会

组织编写单位：

　　北京市城建科技促进会

　　北京双圆工程咨询监理有限公司

主　编： 林　寿　杨嗣信

副主编： 余志成　侯君伟　高玉亭　吴　琏

编　委（按姓氏笔划）　王广鼎　　王庆生　王建民

　　　　毛凤林　安　民　孙竞立　杨嗣信　余志成

　　　　肖景贵　吴　琏　张玉明　林　寿　周与诚

　　　　侯君伟　赵玉章　高玉亭　陶利兵　程　峰

　　　　路克宽　薛　发

本册编写人员： 王庆生　何晓燕　高　原　符存官

　　　　　　　　林孝青　安　民　王　雷　李中令

　　　　　　　　李　洋

原建设部于 1994 年首次颁发了《关于建筑业 1994、1995 年和"九五"期间重点推广应用 10 项新技术的通知》，对促进我国建筑技术的发展起到了积极的推动作用。随后，于 1998 年根据我国建筑技术的发展新情况，又颁发了《关于建筑业进一步推广应用 10 项新技术的通知》，进一步推动了我国建筑新技术的发展。为此，我们于 2003 年在系统总结经验的基础上，组织编写了《建筑业重点推广新技术应用手册》，供广大读者阅读参考。

随着我国建筑技术水平的不断提高，原建设部于 2004 年对 10 项新技术进一步进行了修订，并于 2005 年又颁发了《关于进一步做好建筑业 10 项新技术推广应用的通知》，将 10 项新技术的范围扩大到铁路、交通、水利等土木工程。为此，我们根据 21 世纪以来新颁布的标准和建筑技术发展的新成果，以房屋建筑为主，突出施工新技术以及有关建筑节能技术，组织摘选编写了本系列丛书。

本书共分 6 册，第一册地基基础工程和基坑支护工程；第二册新型模板、高效钢筋、钢筋连接及高性能混凝土应用技术；第三册预应力技术；第四册设备安装工程应用技术；第五册围护结构节能技术及新型空调和采暖技术；第六册钢结构工程。

本丛书仅摘选了有关房屋建筑施工中一些新技术内容，在编写中难免存在挂一漏万和错误之处，恳请批评指正。

编　者

目 录

1. 围护结构节能技术 ·· 1
   1.1 概述 ··· 1
   1.2 保温砌块墙体应用技术 ································· 5
      1.2.1 蒸压加气混凝土砌块 ····························· 5
      1.2.2 轻集料混凝土小型空心砌块 ······················· 8
      1.2.3 保温砌块 ······································· 11
   1.3 预制混凝土外墙夹芯保温技术 ··························· 15
   1.4 胶粉聚苯颗粒保温浆料外墙内保温技术 ··················· 18
   1.5 外墙外保温技术 ······································· 26
      1.5.1 聚苯板薄抹灰外墙外保温系统 ····················· 26
      1.5.2 胶粉聚苯颗粒浆料复合外墙外保温系统 ············· 38
      1.5.3 现浇混凝土聚苯板外墙外保温系统 ················· 49
      1.5.4 喷涂硬泡聚氨酯复合胶粉聚苯颗粒外墙外
            保温系统 ······································· 61
      1.5.5 预制复合保温板外墙外保温系统 ··················· 67
   1.6 屋面保温隔热技术 ····································· 68
      1.6.1 屋面保温隔热系统构造及特点 ····················· 68
      1.6.2 屋面保温隔热系统材料 ··························· 71
      1.6.3 聚苯板正置保温屋面（XPS、EPS板）施工 ··········· 75
      1.6.4 加气混凝土砌块保温屋面施工 ····················· 75
      1.6.5 聚氨酯硬泡体喷涂保温屋面施工 ··················· 76
      1.6.6 架空屋面施工 ··································· 77
      1.6.7 种植屋面施工 ··································· 77

        1.6.8 倒置式屋面保温层施工 ·················· 79
    1.7 节能门窗应用技术·························· 80
        1.7.1 门窗保温隔热的技术途径·············· 80
        1.7.2 保温节能门窗安装技术················ 88
        1.7.3 建筑门窗遮阳技术···················· 94
    1.8 楼地面保温隔热技术························ 95
        1.8.1 楼地面保温隔热设计要求·············· 95
        1.8.2 楼地面节能技术措施·················· 97
        1.8.3 典型楼地面的热工性能参数············ 99
        1.8.4 低温热水地板辐射采暖施工技术········ 99
    1.9 节能建筑施工质量验收······················ 115
        1.9.1 建筑节能工程施工质量验收要求········ 115
        1.9.2 节能建筑检测与评估技术·············· 115
    1.10 保温工程施工防火技术····················· 117

2. 新型空调和采暖技术······························ 122
    2.1 地源热泵供暖空调技术······················ 122
    2.2 供热采暖系统与热计量温控技术·············· 133
    2.3 地板辐射供暖技术·························· 146
    2.4 冰蓄冷与低温送风技术······················ 157
    2.5 变风量空调技术···························· 171

1. 围护结构节能技术

1.1 概 述

1. 国内外节能型围护结构发展概况

节能型围护结构（主要包括外墙、屋面、门窗等）主要指围护结构在设计和施工时使用具有保温隔热性能的材料，使建筑物降低采暖和空调能耗。

目前我国建筑围护结构的保温隔热水平，与国际发达国家相比仍有很大差距。欧洲国家的住宅年实际采暖耗能已经普遍降到了每平方米 6 升油以下，领先的"高舒适度，低能耗"住宅达到了 3 升油以下。以北京市住宅的平均采暖耗能按欧洲方法折算，为每平方米 16 升油，按照节能 50% 标准新建住宅的采暖能耗也是 8.75 升油的水平；北京市实施节能 65% 设计标准，可达到每平方米建筑一个采暖季耗标煤 8.75kg，也仅达到 6.125 升油的目前欧洲平均水平。

北京市住宅建筑围护结构传热系数设计标准与相近气候条件下发达国家的住宅建筑围护结构传热系数设计标准比较结果见表 1-1-1。

住宅建筑围护结构传热系数设计标准对比 [$W/(m^2 \cdot K)$]　　　表 1-1-1

地 区	外 墙	外 窗	屋 面
中国北京（节能 65%）	0.60	4.7	0.60
瑞典南部	0.17	2.5	0.12
德国柏林	0.5	1.5	0.22
加拿大	0.36	2.86	0.23~0.4
日本北海道	0.42	2.33	0.23
俄罗斯气候与北京相近地区	0.77~0.44	2.75	0.57~0.33

1. 围护结构节能技术

目前，我国实行的建筑节能标准是在20世纪80年代建筑标准的基础上节能50%，包括采暖空调和围护结构，根据建筑物所在地区和使用功能不同，分别执行不同的标准规范。现行的标准规范有《民用建筑热工设计规范》（GB 50176—93）、《民用建筑节能设计标准（采暖居住建筑部分)》（JGJ 26—1995）、《夏热冬冷地区居住建筑节能设计标准》（JGJ 134—2001）、《夏热冬暖地区居住建筑节能设计标准》（JGJ 75—2003）、《采暖通风与空气调节设计规范》（GB 50019—2003）、《公共建筑节能设计标准》（GB 50189—2005）。以上标准均为强制性标准或标准中主要条文为强制性，目前全国大部分地区实行节能50%标准，北京、天津等城市率先实行节能65%的标准。

尽管全国建造了相当数量的节能建筑，但相当多的建筑由于节能设计不尽合理、保温隔热材料和施工质量等原因，导致围护结构热工性能差、缺陷多，室内出现结露、长霉现象，室内温度达不到标准要求，能耗高的现象仍较为严重。如外墙内保温或外保温时建筑结构挑出部位如阳台、雨罩、靠外墙阳台拦板、空调室外机搁板、附壁柱、凸窗、装饰线、檐沟、靠外墙阳台分户隔墙、女儿墙内外侧及压顶等部位不做保温就会存在热工缺陷（图1-1-1和图1-1-2）。因此，在进行节能建筑设计和施工时，不论使用何种保温隔热材料，均应注意避免围护结构热阻不够和产生热桥等问题。

 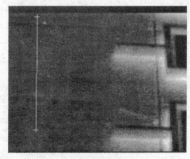

图1-1-1 围护结构飘窗未做保温，导致主体墙热损失

1.1 概 述

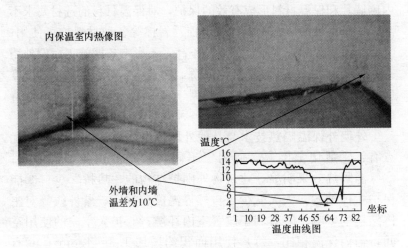

图 1-1-2 围护结构为内保温，导致局部结露长霉

2. 目前我国围护结构的保温隔热技术简介

围护结构是指建筑及房间各面的围挡物，其中外围护结构是指与室外空气直接接触的围护结构，如外墙、屋顶、外门和外窗等。

(1) 外墙体

要提高外墙体的保温隔热效果，就要提高墙体的热阻值，减小墙体的传热系数。外墙保温隔热技术可分为外墙内保温隔热技术、外墙夹心保温技术、外墙外保温技术和外墙自保温技术。

外墙内保温是将轻质保温材料置于外墙体的内侧。其传热系数 K 值较小，其传热阻 R_0 值较大，亦即其保温性能较好，而热稳定性较差，在夏季室外综合温度和室内空气温度波作用下，内表面温度容易升得较高，亦即其隔热性能较差。另外外墙内保温在冬季由于保温材料很难完全包裹基层墙体，在室内外温差作用下，易产生热桥。

外墙夹心保温技术是将保温材料置于同一外墙的内、外侧墙片之间，内、外侧墙片均可采用传统的黏土砖、混凝土空心砌块等，其优点有：①这些传统材料的防水、耐候等性能均良好，对

3

1. 围护结构节能技术

内侧墙片和保温材料形成有效的保护，对保温材料的选材要求不高，聚苯乙烯泡沫塑料板、玻璃棉、岩棉等各种材料均可使用；②对施工季节和施工条件的要求不高，不影响冬期施工。但外墙夹心保温也会出现不同程度的热桥，内外墙体所形成的不同温度应力，也容易使墙体产生变形开裂。它的优点是保温与结构同寿命，减少外保温工序，并有利于各种外装饰。

外墙外保温隔热技术与其他外墙保温隔热技术相比，其优点有：①适用范围广，适用于不同气候区的建筑保温隔热；②保温隔热效果明显，建筑物外围护结构的"热桥"少；③能保护主体结构，大大减少了自然界温度、湿度、紫外线等对主体结构的影响；④有利于改善室内环境；⑤扩大室内的使用空间，与内保温相比，每户使用面积约增加 $1.3\sim1.8m^2$；⑥有利于旧房改造。

由此可见，在以上三种外墙保温技术中，外墙外保温是较好的一种方案，目前已大量推广应用，在《中国节能技术政策大纲》中也明确指出，"重点推广外保温墙体"。外墙夹心保温技术，仍属发展阶段，有待进一步完善。

（2）屋面

屋面节能的原理也是通过改善屋面的热工性能阻止热量的传递。主要措施有保温屋面（用高效保温隔热材料做外保温或内保温）、架空通风屋面、蓄水屋面、设吊顶层的坡屋面、绿化屋面等。

屋面保温可采用板状或块状高效保温材料、整体现喷保温材料作保温层。封闭式保温层的含水率，应相当于该材料在当地自然风干状态下的平衡含水率。

屋面隔热可采用架空、蓄水、种植或加贴绝热反射膜的隔热层。但当屋面防水等级为Ⅰ级、Ⅱ级时，或在寒冷地区、地震地区和振动较大的建筑物上，不宜采用蓄水屋面；架空屋面宜在通风较好的建筑物上采用；种植屋面根据地域、气候、建筑环境、建筑功能等条件，选择相适应的屋面构造形式。最近又出现了三合一（保温、找坡、防水）新技术，效果很好。

（3）外门窗

窗户节能技术主要从减少渗透、传热和太阳辐射能三个方面进行。减少渗透量可以减少室内外冷热气流的直接交换，从而减少设备负荷，可通过采用密封材料增加窗户的气密性；减少传热量是防止室内外温差而引起的热量传递，通过采用节能玻璃（如中空玻璃、热反射玻璃等）、节能型窗框（如塑料窗框、隔热铝型框、玻璃钢框等）来减小窗户的整体传热系数；在南方地区太阳辐射非常强烈，通过窗户传递的辐射热占主要地位，因此可通过遮阳设施（外遮阳、内遮阳等）及高遮蔽系数的镶嵌材料（如low-E玻璃）来减少太阳辐射热。

目前节能门窗主要有塑钢窗、玻璃钢窗、断桥的铝合金窗和其他形式的保温隔热门窗等。

（4）楼、地面

楼、地面的保温隔热包括不采暖地下室顶板和热阻不能满足规定的地面，楼板下方为室外空气以及户与户上下楼层之间有保温要求的楼面。

目前楼、地面的保温隔热技术一般分两种，普通的楼面在楼板的下方粘贴聚苯板或其他高效保温材料后吊顶；另一种采用地板辐射采暖的楼、地面，即在楼、地面基层完成后，在该基层上先铺保温材料，而后将交联聚乙烯、聚丁烯、改性聚丙烯或铝塑复合等材料制成的管道，按一定的间距，双向循环的盘曲方式固定在保温材料上，然后回填豆石混凝土，经平整振实后，在其上铺地板。

1.2 保温砌块墙体应用技术

1.2.1 蒸压加气混凝土砌块

蒸压加气混凝土砌块主要将70%左右的粉煤灰与定量的水

泥、生石灰胶结料、铝粉、石膏等按配比混合均匀，加入定量水，经搅拌成浆后注入模具发气成型，经静停固化后切割成坯体，再经高压蒸养固化而成制品，是一种新型多孔轻质墙体材料，其特点是热阻大，重量轻，具有良好的防火、隔热、保温、隔声性能。保温隔热墙体使用时应选择密度等级小于B07级的砌块。

1. 材料

我国生产的加气混凝土砌块类型主要有三种（用混合钙质材料）：即水泥—矿渣—砂，水泥—石灰—粉煤灰和水泥—石灰—砂。采用较为广泛的是后两种。

加气混凝土砌块的规格尺寸见表1-2-1。

加气混凝土砌块的规格尺寸   表1-2-1

砌块公标尺寸			砌块实际尺寸		
长度（L）	宽度（B）	高度（H）	长度（L_1）	宽度（B_1）	高度（H_1）
600	100 125	200	$L-10$	B	$H-10$
	150 200	250			
	250 300	300			

加气混凝土砌块按强度分有 A1.0、A2.0、A2.5、A3.5、A5.0、A7.5、A10 七个级别（后面的数字表示立方体平均抗压强度的兆帕值）按表观密度分级有：B03、B04、B05、B06、B07、B08 六个等级（后面的数字表示其表观密度值，单位是 t/m^3）。蒸汽加压混凝土砌块的技术指标应符合《蒸压加气混凝土砌块》(GB/T 11968—1997) 要求，加气混凝土砌块导热系数和蓄热系数计算值见表1-2-2。

不同厚度加气混凝土外墙的传热系数 K 值和热惰性指标 D 值可按表1-2-3采用。

加气混凝土砌块导热系数和蓄热系数计算值　　表 1-2-2

项目		体积密度等级	B04	B05	B06	B07
		干密度 ρ_0(kg/m³)	400	500	600	700
理论计算值体积含水率3%		导热系数 λ[W/(m·K)]	0.13	0.16	0.19	0.22
		蓄热系数 S_{24}[W/(m²·K)]	2.06	2.61	3.01	3.49
		灰缝影响系数	1.25	1.25	1.25	1.25
设计计算值		导热系数 λ[W/(m·K)]	0.16	0.20	0.24	0.28
		蓄热系数 S_{24}[W/(m²·K)]	2.58	3.26	3.76	4.36

不同厚度加气混凝土外墙性能指标　　表 1-2-3

外墙厚度 δ (mm)	传热阻 R_0 (m²·K/W)	传热系数 K [W/(m²·K)]	热惰性指标 D
200	1.02(1.24)	0.98(0.81)	3.55(3.59)
225	1.13(1.37)	0.88(0.73)	3.95(3.98)
250	1.23(1.51)	0.81(0.66)	4.34(4.38)
275	1.34(1.64)	0.75(0.61)	4.73(4.78)
300	1.44(1.77)	0.69(0.56)	5.12(5.18)
325	1.54(1.90)	0.65(0.53)	5.51(5.57)
350	1.65(2.03)	0.61(0.49)	5.90(5.96)
375	1.75(2.16)	0.57(0.46)	6.30(6.36)
400	1.86(2.30)	0.54(0.43)	6.69(6.76)

注：①表中的热工指标考虑灰缝影响，$\lambda=0.24$[W/(m·K)]，蓄热系数 $S_{24}=3.76$[W/(m²·K)]。

②括号内数据为加气混凝土砌块之间采用胶粘剂粘结，导热系数 $\lambda=0.19$[W/(m·K)]，蓄热系数 $S_{24}=3.01$[W/(m²·K)]。

③其他干密度的加气混凝土热工性能指标由选用人根据表 1-2-2 的数据计算。

④表内数据不包括钢筋混凝土圈梁、过梁、构造柱等热桥部位的影响。

加气混凝土砌块用于工业及民用建筑保温隔热墙体，大多为非承重墙，应采用饰面防护措施，也可用于屋面保温。加气混凝土制品施工时的含水率一般宜小于15%。

在加气混凝土墙体内外侧，加抹一定厚度的轻骨料保温砂浆，也是一种经济而简便的节能办法。在加气混凝土砌块外先抹20mm厚胶粉聚苯颗粒既可增强饰面层的牢固、抗裂，又增加了保温效果，04级加气混凝土砌块200mm厚的传热系数为$0.60W/(m^2·K)$，05级加气混凝土砌块250mm厚的传热系数为$0.57W/(m^2·K)$。

2. 墙体砌筑要点

（1）砌筑加气混凝土砌块单层墙，应将加气混凝土砌块立砌，墙厚为砌块的宽度；砌双层墙，是将加气混凝土砌块立砌两层，中间加空气层或保温材料层，两层砌块间每隔500mm墙高应在水平灰缝中放置$\phi 4 \sim \phi 6$的钢筋扒钉，扒钉间距600mm。

（2）砌筑加气混凝土砌块应采用满铺满挤法砌筑，上下皮砌块的竖向灰缝应相互错开，长度不宜小于砌块长度的1/3并不小于150mm。当不能满足要求时，应在水平灰缝中放置$2\phi 6$的拉结钢筋或$\phi 4$的钢筋网片，拉结钢筋或钢筋网片的长度不小于700mm。转角处应使纵横墙的砌块相互咬砌搭接，隔皮砌块露端面。砌块墙的丁字交接处，应使横墙砌块隔皮露头，并坐中于纵墙砌块。

（3）加气混凝土砌块墙体拉结筋应按设计要求设置。

（4）加气混凝土砌块墙每天砌筑高度不宜超过1.8m。

（5）加气混凝土砌块墙上不得留脚手眼，搭拆脚手架时不得碰撞已砌好的墙体和门窗边角。

1.2.2 轻集料混凝土小型空心砌块

轻集料混凝土小型空心砌块采用水泥作胶凝材料，骨料以各种陶粒、陶砂（宜采用非黏土型）和煤矸石等加入部分炉下灰为集料，经压制振动成型。产品具有重量轻、力学性能好、保温隔热等特点。

1. 材料

轻集料混凝土小型空心砌块技术指标应符合《轻集料混凝土小型空心砌块》(GB/T 15229—2002)标准规定,干缩率应根据使用地区的不同来选择,范围应在0.065%以内,其轻集料混凝土小型空心砌块技术性能和外墙热工性能可参照表1-2-4、表1-2-5选取。

轻集料混凝土小型空心砌块技术指标　　　表1-2-4

砌块宽度 (mm)	空心率 (%)	强度等级 (Mu)	主体传热系数 [W/(m²·K)]	主体热阻 (m²·K/W)	隔声量 (dB)	耐火极限 (b)
90	22.3	3.5	2.67	0.224	46	1.42
140	36.9	3.5	2.51	0.282	48	1.98
190	50.4	5.0	1.54	0.5	50	2.25
240	47.9	3.5	4.23	0.66	45	2.92
290	50.4	3.5	1.25	0.65	54	>4.0

注：①各项测试值除砌块厚240mm的为三排孔外,其他均是单排孔。
②隔声、耐火极限测试值包括砌体内外20mm厚抹灰层。

部分轻集料混凝土小型空心砌块热工性能　　　表1-2-5

主体材料	孔型	表观密度 (kg/m³)	孔洞率 (%)	厚度 (mm)	热阻 R_b [(m²·K)/W]	热惰性 指标 D_b
煤渣硅酸盐	单排孔	1000	44	190	0.23	1.66
水泥煤渣硅酸盐	单排孔	940	44	190	0.24	1.64
水泥石灰窑渣	单排孔	990	44	190	0.22	1.66
煤渣硅酸盐	双排孔	890	44	190	0.35	1.92
煤渣硅酸盐	三排孔	890	35	240	0.45	2.20
陶粒（500级）	单排孔	707	44	190	0.36	1.36
		547	44	190	0.43	1.30
陶粒（500级）	双排孔	510	40	190	0.74	1.50
陶粒（500级）	三排孔	474	35	190	1.07	1.72
		465	36.2	190	0.98	1.70

1. 围护结构节能技术

该技术适用于一般民用与工业建筑物的框架结构填充的内隔墙和外填充墙墙体工程。作为承重墙房屋的总高度和层数,不应超过表 1-2-6 的规定;对医院飞教学楼等横墙较少的房屋,层数应比表 1-2-6 的规定相应减少一层,房屋层高均不宜超过 3.6m。

多层房屋的总高度(m)和层数限值　　　　表 1-2-6

砌块	最小墙厚(m)	烈度					
		6		7		8	
		高度	层数	高度	层数	高度	层数
轻集料混凝土小型空心砌块	0.19	18	六	15	五	12	四

2. 墙体砌筑要点

(1) 砌筑应采用对孔错缝组砌方法,砌块上、下错缝,相互搭接,搭接长度应为主砌块的一半(190mm),必要时可使用 290mm 长辅助砌块,搭接长度不应小于 90mm;当墙体的个别部位不能保证此项规定时,应在灰缝中每皮设置拉结钢筋或钢筋网片,但竖向通缝不得超过两皮小砌块。

(2) 砌筑砌块应对孔反砌,壁肋光面、大面朝上(即上孔小、下孔大,底面朝上),采用"三一砌砖法"。水平灰缝和竖向灰缝厚度应控制在 8~12mm,宜为 10mm。水平灰缝采用坐浆法铺浆且铺浆长度不得超过 800mm;立缝采用砖端头平面铺灰、立面碰头挤压的方法坐浆。砌筑 190mm 厚墙体需单面挂线,超过 190mm 厚墙体应双面挂线。

(3) 砌块内外墙应同时砌筑,严禁留直槎。墙体临时间断处应砌成斜槎。

(4) 砌筑时应按设计要求在水平灰缝内放置通长铲 4 冷拔低碳钢筋拉结网片或拉结筋,如遇两个方向交叉的钢筋网片,不得放在同一皮灰缝内。钢筋网片采用绑扎搭接,搭接长度满足一个网格长度(200mm)。φ4 拉结网片设计无特殊要求时一般每三皮砖一道。

(5)砌体相邻工作段的高度差不得大于一个楼层或 4m。常温条件下，每日砌筑高度宜控制在 1.5m 或一步脚手架高度内。

(6)砌块墙体与混凝土柱、墙的连接应按设计要求连接。

(7)砌体内不宜设脚手眼，如必须设置，可用 190mm 小砌块侧砌，砌完后用 C15 混凝土填实。但在墙体下列位置不得设置脚手眼：

①过梁上部与过梁成 60°角的三角形及梁跨度 1/2 范围内；
②宽度小于 1000mm 的窗间墙；
③梁和梁垫下及其左右各 500mm 的范围内；
④砌体门窗洞口两侧 200mm 内和转角处 450mm 的范围内；
⑤外墙任何部位严禁设脚手眼。

(8)施工中需要设置的临时施工洞口，侧边离交接处墙面不小于 600mm，并在顶部设过梁。填砌施工洞口的砌筑砂浆等级应提高一级。

(9)门窗洞口采用预灌后埋式安装时，两侧砌块芯孔应先浇筑密实。散热器、管线固定卡、开关插座、吊柜、挂镜线等需固定的位置可采用实心砌块砌筑。在小砌块砌体中不得预留或打凿水平沟槽，严禁在砌好的墙体上打凿孔、洞、槽。

(10)电气管线竖向管敷设在相应的砌块芯孔内。开关插座及箱盒位置采用开口砌块，如此处有芯柱，应分段浇筑混凝土。

(11)砌筑时应在灰缝中埋设设备和管道支架。

(12)防渗抗裂措施：宜试配掺用防水外加剂的防水砂浆，提高砌体防水和抗渗性能。砌块外墙墙体内侧宜刮一道刚性防水（水泥）腻子。外檐施工完后在外墙砌块砖表面喷刷一道无色憎水剂。

1.2.3 保温砌块

1. 材料

保温砌块是集承重、保温于一体的新型墙体材料，由内墙承重部分、外墙装饰部分和中间保温部分，用金属连接件将这三部分连接为一体,如图1-2-1。

图1-2-1 保温砌块

遵循的排砖原则为:对孔错缝。保温砌块性能见表1-2-7

保温砌块性能表　　　　　　表1-2-7

序号	项目	单位	数据
1	砌块规格	mm	390×190
2	抗压强度	MPa	≥10.0
3	抗折强度	MPa	≥1.60
4	砌块质量	kg/块	25
5	砌块密度	kg/m^3	≤1200
6	砌块抗渗性	mm	≤10
7	抗冻强度损失	%	≤16.8
8	传热系数	W/(m^2·K)	0.6
9	空气隔声系数	dB	≥50
10	聚苯板质量	kg/m^3	≥20

外墙为承重小型混凝土空心保温砌块,本身已有保温,砌筑

后不必另加保温,适用于多层建筑,总厚度310mm,传热系数为0.53W/(m²·K),如保温夹芯改用挤塑聚苯板,传热系数为0.45W/(m²·K),可用于四层及四层以下建筑。

2. 砌筑要点:

(1) 排块时应从砌筑物的转角顺时针或逆时针排列,形成一个闭合的整体,第二皮砌块对孔错缝,奇数皮同第一皮的排列,偶数皮同第二皮的排列,即完成整个建筑物的排块,一栋楼应采用同一混凝土砌块生产厂的产品,混砌也应该采用与小砌块材料强度等级相同的预制混凝土块。

(2) 砌体水平灰缝的厚度和垂直灰缝的宽度应控制在8~12mm,砂浆饱满度不得低于90%。

(3) 内、外墙应同时砌筑,纵横墙应交错搭接。墙体的临时间断处必须砌成斜槎,斜槎长度不应小于高度的2/3。严禁留直槎。

(4) 楼板、梁与墙体的搭接。

①楼板支撑处如无圈梁时,板下宜用C20混凝土填实一皮砌块。现浇混凝土圈梁下的一皮混凝土砌块须用上口封闭砌块或采用其他封闭措施。

②梁端支承处的砌体,应根据设计要求用C20混凝土填实部分砌体孔洞。如设计无规定,则填实宽度不应小于400mm,高度不应小于190mm。安装预制梁和板时,必须坐浆垫平。

(5) 固定圈梁、挑梁等构件侧模的水平拉杆、扁铁或螺栓应从小砌块灰缝中预留4ϕ10孔穿入,不得在小砌块块体上打凿安装洞。内墙可利用侧砌的小砌块孔洞进行支模,模板拆除后应采用C20混凝土将孔洞填实。

窗台梁两端伸入墙内的支承部位应预留孔洞。孔洞口的大小、部位和上下皮小砌块孔洞,应保证门窗洞两侧的芯柱竖向贯通。

圈梁施工时,在低面无芯柱处,应先铺钢丝网或钢板网封住砌块孔洞,再设置圈梁钢筋。

1. 围护结构节能技术

(6) 木门窗框与小砌块墙体两侧连接处的上、中、下部位应砌入埋有沥青木砖的小砌块（190mm×190mm×190mm）或实心小砌块，并用铁钉、射钉或膨胀螺栓固定。

门窗洞口两侧的小砌块孔洞灌填C20混凝土后，其门窗与墙体的连接方法可按实心混凝土墙体施工。

(7) 网片及拉结筋设置。

单排孔小砌块孔肋对齐、错缝对孔。不能对孔时允许最小搭接长度不小于90mm，即主规格小砌块块长的1/4。不能满足时，应在此水平灰缝中设 $\phi 4$ 点焊网片（不宜搭焊），网片两端延长度距垂直灰缝的距离不得小于300mm。

砌体中的钢筋网片和拉结钢筋，应按设计要求埋设在灰缝砂浆层中，其连接部位的搭接长度须大于30d。

拉结筋柱与砌体用 $\phi 6$ 拉结筋拉结，拉结形式有胀锚螺栓、预埋铁件、贴模箍、预埋钢筋或按设计，竖向间距宜为400mm，伸入墙的长度不应小于700mm或伸至洞口边。

(8) 芯柱、管线敷设施工。

①钢筋混凝土芯柱施工：在楼面砌筑第一皮小砌块时，在芯柱部位，应用开口砌块砌出操作孔（即清扫口），在操作孔侧面宜预留连通孔，浇灌混凝土前，清扫芯柱孔洞内的垃圾口并用水冲洗。校正钢筋位置并绑扎或焊接固定后，浇水湿润方可浇灌混凝土。

低层芯柱的钢筋宜与基础或基础圈梁的预埋钢筋的搭接每个楼层的芯柱宜采用整根的钢筋，上下楼层间的钢筋可在圈梁的上部搭接，也可在楼板面搭接，搭接长度不可小于45d，芯柱部位保证芯孔贯通。

芯柱混凝土应在砌完一个楼层高度的墙体后，而且砌筑砂浆强度平均值不小于1.0MPa时，方可浇筑。浇筑后的芯柱面应低于最上一皮混凝土砌块表面30~50mm。芯柱混凝土应连续浇筑，每浇筑400~500mm高度捣实一次或边浇筑边捣实。

芯柱与圈梁或现浇混凝土带应整体现浇，如采用槽型小砌块作圈梁模壳时，其底部必须留出芯柱通过的孔洞，芯柱部处的每层楼板应留口或浇一条现浇板带。

②管线的敷设和预埋件设置：对设计规定或施工所需的孔洞、沟槽和预埋件等，应在砌筑时进行预留或预埋，不得在已砌筑的墙体上打洞和凿槽。

照明、电信、闭路电视等线路可采用内穿12号钢丝的白色增强塑料管。水平管线宜预埋于专供水平管的实心带凹槽的小砌块内，也可敷设在圈梁模板内侧或现浇混凝土板中。竖向管线应随墙体砌筑埋设在小砌块孔洞内。管线出口内应用U形小砌块竖砌，内埋开关、插座或焊接盒等配件，四周用水泥砂浆填实。冷、热水平管可采用实心带凹槽的小砌块进行敷设。立管宜安装在E字形小砌块中的一个开口孔洞中。待管道试水验收合格后，采用C20混凝土浇筑封闭。

安装后的管道表面应低于墙面4~5mm，并与墙体卡牢固定。浇水湿润后用1：2水泥砂浆填实封闭。外设10mm×10mm的$\phi 0.5$~$\phi 0.8$钢丝网，网宽应跨过槽口，每边不得小于80mm。

对设计规定或施工所需的孔洞、管道、沟槽和预埋件等，必须在砌筑时预留或预埋。如果在已砌筑的墙体上打孔洞时，其砂浆强度应超过设计值的70%，并应采用小型机具施工，防止冲击、振动。

(9) 抹灰、勾缝。

①外墙面或内墙面为混水墙时，须在砌体砌筑30d后方可进行抹灰。混凝土构配件与砌体相接处抹灰前，应在墙面铺钉金属网，接缝两侧金属网搭界处抹灰前，应在墙面铺钉金属网，接缝两侧金属网搭接宽度不应小于100mm。

②外墙勾缝：为防止外墙灰缝渗水，外墙可采用二次勾缝。

1.3 预制混凝土外墙夹芯保温技术

预制混凝土外墙采用夹芯保温技术是将保温材料放在中间形

图 1-3-1 非金属连接件构造

成复合夹芯保温板,该技术是世界各国致力研究的重点。

1. 采用非金属连接件夹芯保温技术

采用非金属连接件连接内外层混凝土板,由于连接件改用非金属材料,明显降低了连接件的热桥效应。连接件两端为鸽尾状锚固端,中间为聚苯乙烯模套,使用时将两端插入混凝土中锚固。连接件形状及施工应用详见图 1-3-1、图 1-3-2。

由于非金属材料的导热系数非常小,可大幅降低两层混凝土板之间连接的热传导,两层板之间的保温材料厚度可减少到 50mm,可以达到北京地区三阶段 65% 保温节能要求;检测报告表明该系统的热工技术指标可达到热阻 $R=1.7m^2 \cdot K/W$,传热系数 $K=0.54W/(m^2 \cdot K)$。

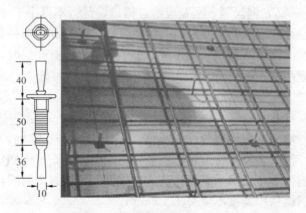

图 1-3-2 非金属连接件施工图

采用建筑绝热系统,有效解决了金属连接件热桥问题,并且具备较好的耐火耐高温性能。该技术是我国未来复合保温墙板的发展方向。

目前,已在天津东丽湖工业化住宅工程中应用,该工程为三栋11层工业化住宅,建筑总高为33.25m,采用框架结构外挂板体系建造,总面积为1.8万 m^2,外墙采用清水混凝土复合保温板,标准墙板的尺寸为2875mm(高)×3250mm(宽),复合板总厚度210mm,由三层组成:内层钢筋混凝土板厚度为110mm,保温层采用50mm厚挤塑聚苯板,外饰面层的钢筋混凝土板厚

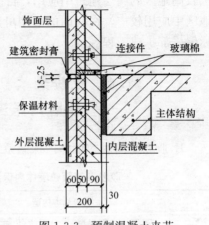

图1-3-3 预制混凝土夹芯保温外墙挂板方案

度为50mm,内层混凝土板通过使用Thermomass MS系列玻璃纤维复合材料连接器承担着饰面层的荷载,该外墙板的结构构造及工程实例详见图1-3-3所示。

2. 采用预制混凝土外模板的夹芯保温技术

采用预制混凝土外层面板作为外模板,在预制板内侧放置保温材料,通过对拉螺栓与内模板连接,再现场浇筑混凝土剪力墙形成装配整体式保温板,如图1-3-4所示。该技术适宜在抗震要

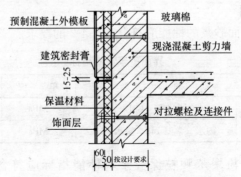

图1-3-4 预制混凝土夹芯保温外模板方案

求较高地区的高层建筑中应用,目前在日本、中国香港等国家和地区中应用较广,在我国的应用可追溯到1995年建成的北京国际俱乐部扩建工程。

1.4 胶粉聚苯颗粒保温浆料外墙内保温技术

1. 胶粉聚苯颗粒墙体内保温系统基本构造(表 1-4-1)

胶粉聚苯颗粒墙体内保温系统基本构造　　表 1-4-1

基层墙体①	系统的基本构造				构造示意图
	界面②	保温层③	抗裂防护层④	饰面层⑤	
钢筋混凝土墙、砌体墙、框架填充墙等	界面砂浆	胶粉聚苯颗粒保温浆料	抗裂砂浆复合耐碱玻纤网格布(加强部位增设一道玻纤网格布)	柔性耐水腻子＋涂料或壁材	

2. 材料

(1) 界面砂浆的性能应符合表 1-4-2 的要求。

界面砂浆性能指标　　表 1-4-2

项　目		单　位	指　标
压剪粘结强度	原强度(14d)	MPa	≥0.5
	耐水(常温14d,浸水7d)	MPa	≥0.3

(2) 胶粉聚苯颗粒保温浆料性能指标应符合表 1-4-3 的要求。

1.4 胶粉聚苯颗粒保温浆料外墙内保温技术

胶粉聚苯颗粒保温浆料性能指标　　　表 1-4-3

项　目	单　位	指　标
湿表观密度	kg/m³	≤450
干表观密度	kg/m³	≤250
导热系数	W/(m·K)	≤0.060
抗压强度（56d）	MPa	≥0.2
压剪粘结强度（56d）	kPa	≥50
有害物质释放量	—	符合《民用建筑工程室内环境污染控制规范》（GB 50325）要求

(3) 聚苯颗粒主要技术性能指标见表 1-4-4。

聚苯颗粒主要技术性能指标　　　表 1-4-4

项　目	单　位	指　标
堆积密度	kg/m³	12.0～21.0
粒　度	mm	0.5～5

注：严禁烟火。聚苯颗粒包装应放置在阴凉处，防止曝晒和雨淋。运输中防止划损包装。交付时注意与保温胶粉料配套清点。

(4) 保温胶粉料性能指标见表 1-4-5。

保温胶粉料性能指标　　　表 1-4-5

项　目	单　位	指　标
初凝时间	h	≥4
终凝时间	h	≤12
安定性	—	合　格
拉伸粘结强度	MPa	≥0.6（常温 28d）
浸水拉伸粘结强度	MPa	≥0.4（常温 28d，浸水 7d）

注：通风干燥条件下贮存 6 个月，可按非危险品办理。交付时注意与聚苯颗粒配套清点。

(5) 水泥砂浆抗裂剂性能指标见表 1-4-6。

水泥砂浆抗裂剂性能指标 表 1-4-6

项 目	单 位	指 标
砂浆稠度	mm	80~130
可操作时间	h	2
拉伸粘结强度（28d）	MPa	≥0.8
浸水拉伸粘结强度（7d）	MPa	≥0.6
渗透压力比	%	≥200
抗弯曲性	—	5%弯曲变形无裂纹

注：5~30℃条件下贮存，贮存期6个月。防晒。可按非危险品办理运输。

(6) 耐碱玻纤网格布主要性能指标见表 1-4-7。

耐碱玻纤网格布主要性能指标 表 1-4-7

项 目		单 位	指 标
孔径	普通型	mm	4×4
	加强型		6×6
单位面积重量	普通型	g/m²	≥180
	加强型		≥500
抗拉强度	经向 普通型	N/50mm	≥1250
	经向 加强型	N/50mm	≥3000
	纬向 普通型	N/50mm	≥1250
	纬向 加强型	N/50mm	≥3000
耐碱强度保持率（28d）	经向	%	≥90
	纬向	%	≥90

注：贮存应立码，不宜平堆，通风干燥条件下贮存期12个月。可按非危险品办理运输。运输中防划、折、损坏。

(7) 内墙抗裂柔性腻子主要性能指标见表 1-4-8。

(8) 饰面涂料性能除应符合《合成树脂乳液内墙涂料》（GB/T 9756）的要求外，还应与墙体内保温系统相容，且其断裂伸长率不小于150%。

内墙抗裂柔性腻子主要性能指标　　　表 1-4-8

项　目	单　位	指　标
施工性	—	刮涂无困难
干燥时间（表干）	h	<5
打磨性	%	20～80
粘结强度（标准状态）	MPa	>0.3
低温贮存稳定性	—	−5℃冷冻4h无变化，刮涂无困难
柔韧性（直径50mm）	—	无裂纹
稠　度	cm	11～13

注：5～30℃条件下贮存，贮存期6个月。防晒。按非危险品办理运输。

（9）瓷砖胶粘剂

其技术指标应符合《陶瓷墙地砖胶粘剂》（JC/T 547）标准规定要求。

3. 材料配制

（1）建筑用界面处理砂浆的配制：

建筑用界面处理剂：中砂：水泥按1∶1∶1重量比用砂浆搅拌机或手提搅拌器搅拌均匀。

（2）胶粉聚苯颗粒保温浆料的配制：

先开机，将35～40kg水倒入砂浆搅拌机内，然后倒入一袋25kg胶粉料搅拌3～5min后，再倒入一袋200L聚苯颗粒继续搅拌3min，搅拌均匀后倒出。该浆料应随搅随用，在4h内用完。

（3）抗裂水泥砂浆的配制：

水泥砂浆抗裂剂：中砂：水泥按1∶3∶1重量比用砂浆搅拌机或手提搅拌器搅拌均匀。配制抗裂砂浆加料次序，应先加入抗裂剂、中砂，搅拌均匀后，再加入水泥继续搅拌3min倒出。抗裂砂浆不得任意加水，应在2h内用完。

（4）内墙柔性抗裂腻子的配制：

内墙柔性抗裂腻子胶：内墙柔性抗裂腻子粉按1∶2的比例（重量比）用手提搅拌器搅拌均匀，配好的腻子在2h内用完。

4. 施工工艺

（1）工艺流程如下：

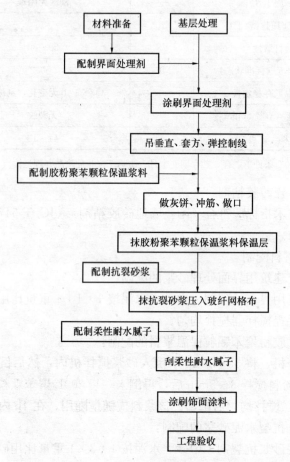

（2）抹保温浆料。基层处理后抹保温浆料，每次抹灰厚度20mm左右。面层抹灰时，以8～10mm为宜，其平整度偏差不应大于4mm，待抹完保温面层30min后，用抹子再赶抹墙面，用托线尺检测后达到验收标准。

1.4 胶粉聚苯颗粒保温浆料外墙内保温技术

门窗边框与墙体连接应预留出保温层的厚度,缝隙应分层填塞密实,并做好门窗框表面的保护。窗户经验收合格后方可进行保温抹灰施工,保温抹灰厚度包裹住窗框宜为10mm,注意保温面层到窗框内侧的距离一致。

(3) 抗裂层施工。将 3～4mm 厚抗裂砂浆均匀地抹在保温层表面;立即将网格布压入抗裂砂浆内,网格布之间的搭接不应小于50mm,并不得使网格布皱褶、空鼓、翘边;网格布应贴到保温墙与内隔墙交接处,墙最下端网格布应压在踢脚里面。

在窗洞口等处应沿 45°方向先贴一道网格布 (200mm×300mm),如图 1-4-1 所示。

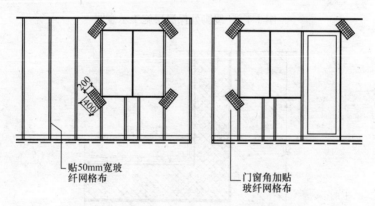

图 1-4-1 门窗角加贴玻纤网格布

在抹完抗裂层 24h 后即可刮抗裂柔性腻子,刮 2～3 遍,使其表面平整光洁。

楼梯间隔墙等需要加强的部位,在抗裂砂浆中应铺贴双层玻纤网格布。第一层铺贴应采用对接方法,第二层网格布铺贴采用压槎搭接,两层网格布之间抗裂砂浆应饱满,严禁干贴。

墙体最下端的玻纤网格布应压在踢脚里面如图 1-4-2。

阴、阳角处的玻纤网格布采用单侧绕角压槎搭接,其搭接宽度不小于150mm,如图 1-4-3 应保证阴阳角处的方正和垂直度。

1. 围护结构节能技术

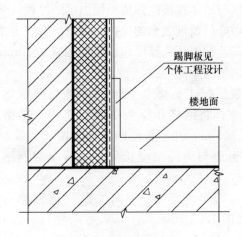

图 1-4-2　踢脚处保温层施工示意图

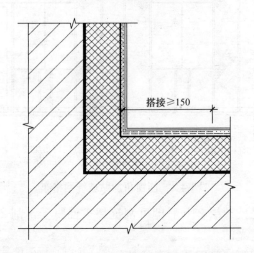

图 1-4-3　阴角保温玻纤网格布搭接示意图

保温墙与内隔墙的交接处，玻纤网格布应绕角搭接到内隔墙上，其搭接宽度不小于 150mm，并抹抗裂砂浆处理搭接的玻纤网格布。

在门、窗洞口等的边角处应沿 45°方向提前用抗裂砂浆增贴一道玻纤网格布，玻纤网格布的尺寸宜为 400mm×200mm。门、窗洞口等处的玻纤网格布应翻折满包内口如图 1-4-4。

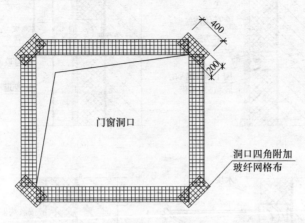

图 1-4-4 门、窗洞口处增贴一道玻纤网格布示意图

（4）饰面层施工。在抹完抗裂砂浆 24h 后即可刮柔性耐水腻子，刮 2~3 遍，每次刮涂厚度控制在 0.5mm 左右。

涂刷饰面涂料，应做到平整光洁。室内吊挂件的安装应与基层墙体有牢固的连接，且不应破坏保温层，如图 1-4-5。

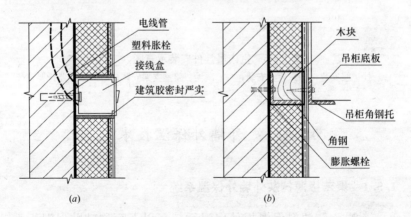

图 1-4-5 室内吊挂件安装示意图（一）
（a）开关盒安装；（b）吊柜安装

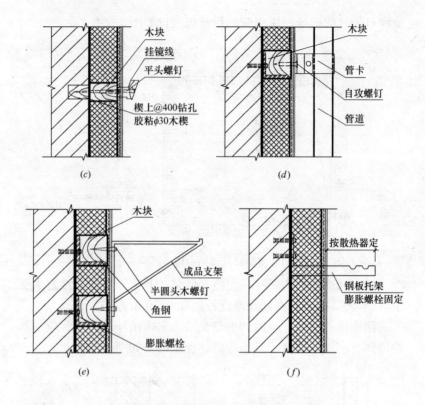

图 1-4-5 室内吊挂件安装示意图（二）

(c) 挂镜线安装；(d) 管卡安装；(e) 洗池、脸盆支架安装；(f) 散热器托架安装

1.5 外墙外保温技术

1.5.1 聚苯板薄抹灰外墙外保温系统

粘贴泡沫塑料保温板外保温系统（以下简称粘贴保温板系统）由粘结层、保温层、抹面层和饰面层构成。粘结层材料为胶粘剂，保温层材料可为模塑聚苯乙烯泡沫塑料板（EPS板）、硬

质聚氨酯泡沫塑料（PU板）和挤塑聚苯乙烯泡沫塑料板（XPS板），抹面层材料为抹面胶浆，抹面胶浆中满铺增强网；饰面层材料可为涂料或饰面砂浆。保温板主要依靠胶粘剂固定在基层上，必要时可使用锚栓辅助固定，保温板与基层墙体的粘贴面积不得小于保温板面积的40%。

以EPS板为保温层做面砖饰面时，抹面层中满铺耐碱玻纤网并用锚栓与基层形成可靠固定，保温板与基层墙体的粘贴面积不得小于保温板面积的50%，每平方米宜设置4个锚栓，单个锚栓锚固力应不小于0.30kN。

该系统的基本构造如图1-5-1、图1-5-2。

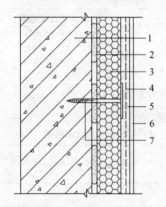
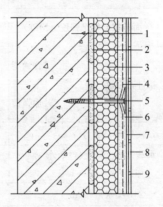

图1-5-1 粘贴保温板涂料饰面系统图
1—基层；2—胶粘剂；3—保温板；4—玻纤网；5—抹面层；6—涂料饰面；7—锚栓

图1-5-2 粘贴保温板面砖饰面系统
1—基层；2—胶粘剂；3—EPS板；4—耐碱玻纤网；5—锚栓；6—抹面层；7—面砖胶粘剂；8—面砖；9—填缝剂

1. 主要材料

（1）聚苯板增强网聚合物砂浆外保温系统其技术要求见表1-5-1。

（2）聚苯板应符合GB/T 10801.1或GB/T 10801.2标准的

要求，其技术指标见表 1-5-2。聚苯板的尺寸宽度不宜超过 1200mm，高度不宜超过 600mm。

外保温系统技术要求　　　　　　　　　　　　表 1-5-1

项　目			指　标	
			非饰面砖系统	饰面砖系统
系统热阻（m²·K/W）			复合墙体热阻符合设计要求	
耐候性	外观质量		无宽度大于 0.1mm 的裂缝，无粉化、空鼓、剥落现象	
	系统拉伸粘结强度（MPa）	EPS板	切割至聚苯板表面 ≥0.10	
		XPS板	切割至聚苯板表面 ≥0.20	
	面砖拉伸粘结强度（MPa）		—	切割至抹面砂浆表面 ≥0.4
抗冲击强度（J）		普通型	≥3.0 且无宽度大于 0.1mm 的裂缝	—
		加强型	≥10.0 且无宽度大于 0.1mm 的裂缝	
不透水性			试样防护层内侧无水渗透	
水蒸气湿流密度（包括外饰面）[g/(m²·h)]			≥0.85	
24h 吸水量（g/m²）			≤1000	
耐冻融（10 次）			裂纹宽度≤0.1mm，无空鼓、剥落现象	面砖拉伸粘结强度（切割至抹面砂浆表面），≥0.4MPa

注：抗冲击强度检测也可在经过耐候性试验的试样上进行。

聚苯乙烯泡沫塑料板技术要求　　　　　　　　表 1-5-2

项　目	指　标		
	EPS板	XPS板	
		带表皮	不带表皮
导热系数[W/(m·K)]	≤0.042	≤0.030	≤0.032
表观密度（kg/m³）	≥18	—	

续表

项目		指标		
		EPS板	XPS板	
			带表皮	不带表皮
熔结性	断裂弯曲负荷(N)	≥25	—	
	弯曲变形(mm)	≥20	≥10	
尺寸稳定性(%)		≤1.0	≤1.2	
水蒸气渗透系数[ng/(Pa·m·s)]		2.0~4.5	1.2~3.5	
吸水率[%(V/V)]		≤4	≤2	
燃烧性		E	E	

（3）聚苯板胶粘剂其技术要求见表1-5-3。

聚苯板胶粘剂技术要求　　　　　表1-5-3

项目		指标
拉伸粘结强度（MPa）（与水泥砂浆）	常温常态	≥0.60
	耐　水	≥0.40
拉伸粘结强度（MPa）（与模塑板）	常温常态	≥0.10
	耐　水	≥0.10
拉伸粘结强度（MPa）（与配套的挤塑板）	常温常态	≥0.20
	耐　水	≥0.20
聚苯板胶粘剂与基层墙体拉伸粘结强度（MPa）		≥0.3
可操作时间（h）		≥2
与聚苯板的相容性（mm）		剥蚀厚度≤1.0

（4）抹面砂浆其技术要求见表1-5-4。

抹面砂浆技术要求　　　　　表1-5-4

项目		指标
拉伸粘结强度（MPa）（与模塑板）	常温常态	≥0.10
	耐　水	≥0.10
	耐冻融	≥0.10

续表

项　　　　目		指　　标
拉伸粘结强度（MPa）（与配套的挤塑板）	常温常态	≥0.20
	耐　水	≥0.20
	耐冻融	≥0.20
柔韧性	抗压强度/抗折强度（水泥基）	≤3.0
吸水量（g/m³）		≤1000
与水泥砂浆拉伸粘结强度（当做面砖饰面时）（MPa）	常温常态	≥0.5
	耐　水	≥0.5
	耐冻融	≥0.5
可操作时间（h）		≥2
与聚苯板的相容性（mm）		剥蚀厚度≤1.0

（5）耐碱玻璃纤维网格布其技术要求见表1-5-5。

耐碱玻璃纤维网格布技术要求　　　　表1-5-5

项　　　　目	指　　标
网孔中心距（mm）	4～6
丝径（mm）	—
公称单位面积质量（g/m²）	≥130
断裂应变（%）	≤5
耐碱断裂强力保留率（经纬向）（%）	≥50
耐碱断裂强力保留值（N/50mm）	≥750

（6）镀锌钢丝网。应采用后热镀锌的电焊钢丝网或机械编织的热浸镀锌钢丝网，其技术要求见表1-5-6。

镀锌钢丝网的技术要求　　　　表1-5-6

项　　目	指　　标	
	后热镀锌电焊网	镀锌丝编织网
钢丝直径（mm）	0.8～1.0	0.8～1.0
网孔中心距（mm）	12～26	六角形对边距23～28
镀锌层质量（g/m²）	≥122	≥50

续表

项 目	指标	
	后热镀锌电焊网	镀锌丝编织网
焊点抗拉力（N）	≥65	—
断丝（处/m）	≤1	—
脱焊（点/m）	≤1	—

（7）机械锚固件。机械锚固件的金属件应经耐腐蚀处理；塑料件应用聚酰胺（PA6或PA6.6）、聚乙烯（PE）或聚丙烯（PP）等材料制成，不得使用回收料。性能指标应符合表1-5-7的要求。

机械锚固件的主要技术性能指标 表1-5-7

试 验 项 目	技 术 指 标
拉拔力（kN）	在C25以上的混凝土中，≥0.60

螺钉长度和有效锚固深度根据基层墙体材料和设计要求并参照生产厂使用说明确定。

（8）柔性腻子性能指标应符合表1-5-8的要求。

柔性腻子的主要技术性能指标 表1-5-8

试 验 项 目		技术指标
施 工 性		刮涂无障碍
初期抗裂性		无裂纹
粘结强度（MPa）	标准状态	≥0.6
	冻融循环后	≥0.4
耐水性（96h）		无异常
耐碱性（48h）		无异常
柔韧性		直径50mm，无裂纹
吸水量（g/10min）		≤2

（9）建筑涂料。应符合相应标准的要求，还应与外保温系统相容。

（10）饰面砂浆。性能指标应符合表1-5-9的要求。

1. 围护结构节能技术

饰面砂浆的主要技术性能指标　　　　　表 1-5-9

项　　目		指　　标
初期干燥抗裂性		无裂纹
粘结强度（MPa）	标准状态	≥0.50
	老化循环后	≥0.50
压折比		≤3
吸水量（g）	30min	≤2.0
	240min	≤5.0
抗泛碱性		无可见泛碱

（11）饰面砖性能指标应符合表 1-5-10 的要求。

饰面砖的主要技术性能指标　　　　　表 1-5-10

试　验　项　目	技　术　指　标
吸水率（％）	0.5～6.0
单块面积（cm^2）	≤150
厚度（mm）	≤8
单位面积质量（kg/m^2）	≤20
抗冻性	经冻融试验后无裂缝或破坏
背面状况	有燕尾形背槽

（12）饰面砖胶粘剂应采用水泥基粘结材料，其性能指标应符合表 1-5-11 的要求。

饰面砖胶粘剂的主要技术性能指标　　　　　表 1-5-11

试　验　项　目		技术指标
与饰面砖拉伸粘结强度（MPa）	原强度	≥0.5
	浸水后	≥0.5
	热老化后	≥0.5
	冻融循环后	≥0.5
20min 晾置时间（MPa）		≥0.5
横向变形（mm）		≥1.5

（13）填缝剂性能指标应符合表 1-5-12 的要求。

1.5 外墙外保温技术

填缝剂的主要技术性能指标　　　表 1-5-12

项　　目		指　　标
与饰面砖拉伸粘结强度（MPa）	原强度	≥0.1
	浸水后	≥0.1
	热老化后	≥0.1
	冻融循环后	≥0.1
横向变形（mm）		≥2.0
吸水量（g）	30min	<2
	240min	<5
28d 的线性收缩值（mm/m）		<3.0
抗泛碱性		无可见泛碱

（14）其他材料有：发泡聚乙烯圆棒或条，用于填塞伸缩缝，作密封膏的背衬材料，直径（宽度）为缝宽的1.3倍；建筑密封膏，应采用聚氨酯、硅酮、丙烯酸酯型建筑密封膏，其技术性能除应符合 JC 482、GB 16776、JC/T 484 的有关要求外，还应与外保温系统相容。

2. 施工工艺

（1）施工工艺流程如下：

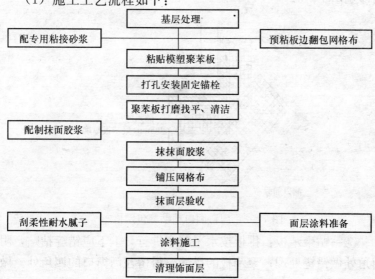

(2) 施工要点。

①放线：根据建筑立面设计和外保温技术要求，在墙面弹出外门窗水平、垂直控制线及伸缩缝线、装饰线条、装饰缝线等。

②拉基准线：在建筑外墙大角（阳角、阴角）及其他必要处挂垂直基准钢线，每个楼层适当位置挂水平线，以控制聚苯板的垂直度和平整度。

③XPS板背面涂界面剂：如使用XPS板，应在XPS板与墙的粘结面上涂刷界面剂，晾置备用。

④配聚苯板胶粘剂：一次配制量应少于可操作时间内的用量。拌好的料注意防晒避风，超过可操作时间后不准使用。

⑤安装托架：设计为面砖饰面时应安装托架。

⑥粘贴翻包网格布：凡粘贴的聚苯板侧边外露处（如伸缩缝、建筑沉降缝、温度缝等缝线两侧、门窗口处），都应做网格布翻包处理。翻包网格布翻过来后要及时地粘到聚苯板上。

为避免门、窗、洞口加强网布处形成三层，应在翻包网格布翻贴时将其与加强网布重叠的部分裁掉（沿45°方向）。洞口做法参见图1-5-3。

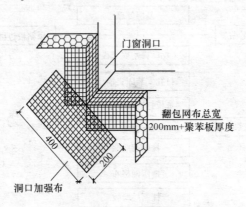

图1-5-3 门窗洞口粘贴翻包网格布

⑦粘贴聚苯板：排板按水平顺序进行，上下应错缝粘贴，阴阳角处做错槎处理；聚苯板的拼缝不得留在门窗口的四角处。做

法参见图 1-5-4 聚苯板排列示意。

聚苯板的粘结方式有点框法和条粘法。点框法适用于平整度较差的墙面，条粘法适用于平整度好的墙面。不得在聚苯板侧面涂抹胶粘剂。

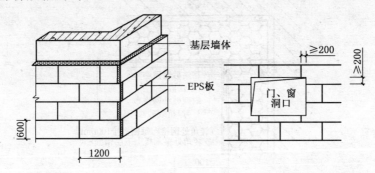

图 1-5-4 聚苯板排列示意

粘板时应轻柔、均匀地挤压聚苯板，随时用 2m 靠尺和托线板检查平整度和垂直度。注意清除板边溢出的胶粘剂，使板与板之间无"碰头灰"。板缝拼严，缝宽超过 2mm 时用相应厚度的聚苯片填塞。拼缝高差不大于 1.5mm，否则应用砂纸或专用打磨机具打磨平整，打磨后清除表面漂浮颗粒和灰尘。

局部不规则处粘贴聚苯板可现场裁切，但必须注意切口与板面垂直。整块墙面的边角处应用最小尺寸超过 300mm 的聚苯板。

⑧安装锚固件：锚固件安装应至少在聚苯板粘贴 24h 后进行。打孔深度依设计要求。拧入或敲入锚固钉。

设计为面砖饰面时，按设计对锚固件布置图的位置打孔，塞入胀塞套管。

⑨XPS板涂界面剂：如使用 XPS 板，应在 XPS 板面上涂刷界面剂。

⑩抹砂浆：砂浆一次配制量应少于可操作时间内的用量。拌好的料注意防晒避风，超过可操作时间后不准使用。

A. 聚苯板安装完毕24h且经检查验收后抹底层抹面砂浆，厚度2～3mm。门窗口四角和阴阳角部位所用的增强网格布随即压入砂浆中，具体做法参见图1-5-5。

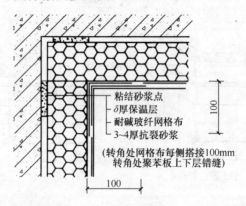

图1-5-5 阴角部位做法（mm）

底层抹面砂浆施工应在聚苯板安装完毕后的20日之内进行。若聚苯板安装完毕而长期未能抹灰施工，抹灰施工前应根据聚苯板的表面质量情况制定相应的界面处理措施。

设计为面砖饰面时，对套管孔进行保护处理后再抹底层抹面砂浆。

B. 铺设网格布应在抹面砂浆可操作时间内，将网格布绷紧后贴于底层抹面砂浆上，用抹子由中间向四周把网格布压入砂浆中，要平整压实，严禁网格布褶皱。铺贴遇有搭接时，搭接长度必须满足横向不少于100mm、纵向不少于80mm的要求。

设计为面砖饰面时，网格布铺设后，将锚固钉（附垫片）压住网格布拧入或敲入胀塞套管。如采用双层玻纤网格布做法，在固定好的网格布上抹砂浆，厚度2mm左右，然后按以上要求再铺设一层网格布。

C. 抹面层砂浆时应在底层抹面砂浆凝结前进行，厚度1～2mm，以覆盖网格布、微见网格布轮廓为宜。抹面砂浆切忌不停揉搓，以免形成空鼓。

设计为面砖饰面时，面层抹面砂浆厚度2～3mm。

防护层抹面砂浆的总厚度宜控制在表1-5-13范围内。

防护层抹面砂浆的总厚度控制　　　　表1-5-13

外饰面	涂料	面砖	
层数	单层	单层	双层
抹面砂浆总厚度（mm）	3～5	4～6	6～8

砂浆抹灰施工间歇应在自然断开处，如伸缩缝、挑台等部位，以方便后续施工的搭接。在墙面上如需停顿，面层抹面砂浆不应完全覆盖已铺好的网格布，需与网格布、底层抹面砂浆形成台阶形坡槎，留槎间距不小于150mm，以免网格布搭接处平整度超出偏差。

⑪变形"缝"处理：伸缩缝施工时，分格条应在抹灰时放入，待砂浆初凝后起出，修整缝边；缝内填塞发泡聚乙烯圆棒（条）作背衬，再分两次勾填建筑密封膏，勾填厚度为缝宽的50%～70%。沉降缝根据具体缝宽和位置设置金属盖板，以射钉或螺钉紧固。

⑫加强层做法：设计为涂料饰面时，考虑首层与其他需加强部位的抗冲击要求，在抹面层砂浆后加铺一层网格布，并加抹一道抹面砂浆，抹面砂浆总厚度控制在5～7mm。

⑬装饰线条做法：装饰线条应根据建筑设计立面效果处理成凸型或凹型。

凸型装饰线，以聚苯板来体现为宜，此处网格布与抹面砂浆不断开。粘贴聚苯板时，先弹线标明装饰线条位置，将加工好的聚苯板线条粘于相应位置。线条突出墙面超过100mm时，需加设机械固定件。线条表面按外保温抹灰做法处理。凹型装饰缝，用专用工具在聚苯板上刨出凹槽再抹抹面砂浆。

⑭外饰面作业：待抹面砂浆基面达到饰面施工要求时可进行外饰面作业。外饰面可选择涂料、装饰砂浆、面砖等形式。选择面砖饰面时，应在样板墙测试合格、抹面砂浆施工7d后，按

《外墙饰面砖工程施工及验收规程》(JGJ 126)的要求进行。

1.5.2 胶粉聚苯颗粒浆料复合外墙外保温系统

1. 种类

(1) 胶粉聚苯颗粒浆料外墙外保温系统

胶粉聚苯颗粒保温浆料外保温系统（以下简称保温浆料系统）由界面层、保温层、抹面层和饰面层构成。界面层材料为界面砂浆；保温层材料为胶粉聚苯颗粒保温浆料，经现场拌合后抹或喷涂在基层上；抹面层材料为抹面胶浆，抹面胶浆中满铺增强网；饰面层可为涂料和面砖。当采用涂料饰面时，抹面层中应满铺玻纤网（图1-5-6）；当采用面砖饰面时，抹面层中应满铺热镀锌电焊网，并用锚栓与基层形成可靠固定（图1-5-7）。

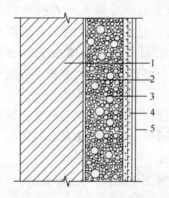

图 1-5-6 涂料饰面保温浆料系统
1—基层；2—界面砂浆；3—保温浆料；4—抹面胶浆复合玻纤网；5—涂料饰面层

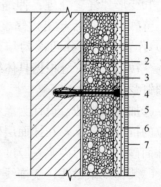

图 1-5-7 面砖饰面保温浆料系统
1—基层；2—界面砂浆；3—保温浆料；4—锚栓；5—抹面胶浆复合热镀锌电焊网；6—面砖粘结砂浆；7—面砖饰面层

其材料和施工工艺可参见1.4胶粉聚苯颗粒保温浆料外墙内保温技术。

(2) 胶粉EPS颗粒浆料贴砌保温板外保温系统

胶粉EPS颗粒浆料贴砌保温板外保温系统（以下简称贴砌

保温板系统）由界面砂浆层、胶粉 EPS 颗粒粘结浆料层、保温板、胶粉 EPS 颗粒找平浆料层、抹面层和涂料饰面层和面砖饰面层构成。抹面层中应满铺玻纤网，如图 1-5-8～图 1-5-11。

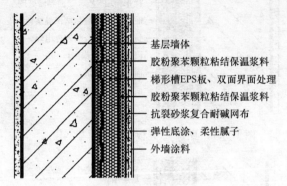

图 1-5-8　贴砌 EPS 板涂料饰面基本构造

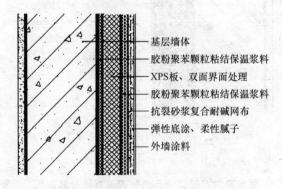

图 1-5-9　贴砌 XPS 板涂料饰面基本构造

1) 主要材料

①胶粉聚苯颗粒复合外墙外保温系统性能应符合表 1-5-14 的规定。

②胶粉聚苯颗粒复合外墙外保温系统用基层界面砂浆、胶粉聚苯颗粒保温浆料、抗裂砂浆、耐碱网布、热镀锌电焊网、塑料锚栓、弹性底涂、柔性耐水腻子、饰面涂料、面砖粘结砂浆、面砖勾缝料、饰面砖的性能应符合《胶粉聚苯颗粒外墙外保温系

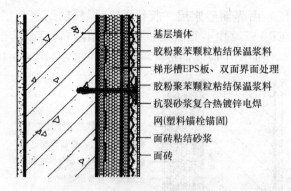

图 1-5-10 贴砌 EPS 板面砖饰面基本构造

标注：基层墙体／胶粉聚苯颗粒粘结保温浆料／梯形槽EPS板、双面界面处理／胶粉聚苯颗粒粘结保温浆料／抗裂砂浆复合热镀锌电焊网(塑料锚栓锚固)／面砖粘结砂浆／面砖

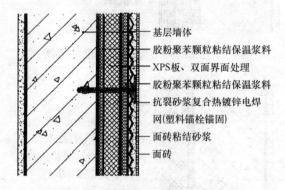

图 1-5-11 贴砌 XPS 板面砖饰面基本构造

标注：基层墙体／胶粉聚苯颗粒粘结保温浆料／XPS板、双面界面处理／胶粉聚苯颗粒粘结保温浆料／抗裂砂浆复合热镀锌电焊网(塑料锚栓锚固)／面砖粘结砂浆／面砖

统》(JG 158—2004) 中 5.5~5.15 的规定。

胶粉聚苯颗粒复合外墙外保温系统性能指标　　表 1-5-14

试验项目	性能指标
耐候性	经 80 次高温（70℃）—淋水（15℃）循环和 20 次加热（50℃）—冷冻（−20℃）循环后不得出现开裂、空鼓或脱落。抗裂砂浆层与保温层的拉伸粘结强度不应小于 0.1MPa，破坏界面不得位于各层界面
吸水量（g/m²）浸水 1h	≤1000

续表

试验项目		性能指标	
抗冲击强度	涂料饰面	普通型（单网）	3J 冲击合格
		加强型（双网）	10J 冲击合格
	面砖饰面	3J 冲击合格	
抗风压值		不小于工程项目的风荷载设计值	
耐冻融		30 次循环表面无裂纹、空鼓、起泡、剥离现象	
水蒸气湿流密度[g/(m²·h)]		≥0.85	
透水性		试样抗裂砂浆层内侧无水渗透	
耐磨损，500L 砂		无开裂、龟裂或表面剥落、损伤	
抗拉强度（涂料饰面）（MPa）		≥0.1 并且破坏部位不得位于各层界面	
饰面砖拉拔强度（MPa）		≥0.4	
抗震性能（面砖饰面）		设防烈度地震作用下面砖饰面及外保温系统无脱落	

③保温板用界面砂浆性能应符合表 1-5-15 的规定。

保温板用界面砂浆性能指标 表 1-5-15

项目		单位	指标		
			EPS 板界面砂浆	XPS 板界面砂浆	岩棉板界面砂浆
拉伸粘结强度	与保温板（EPS 板、XPS 板、岩棉板）试块	标准状态	MPa	≥0.10 且 EPS 板破坏	≥0.15 且 XPS 板破坏	岩棉板破坏
		浸水后				
	与胶粉聚苯颗粒试块	标准状态	MPa	≥0.10 且胶粉聚苯颗粒试块破坏		

④胶粉聚苯颗粒粘结保温浆料性能应符合表 1-5-16 的规定。

胶粉聚苯颗粒粘结保温浆料性能指标 表 1-5-16

项目	单位	指标
湿表观密度	kg/m³	≤520
干表观密度	kg/m³	≤300
导热系数	W/(m·K)	≤0.07
抗压强度（56d）	MPa	≥0.3
燃烧性能	—	难燃 B_1 级

续表

项　目	单位	指　标
拉伸粘结强度 (与带界面砂浆的水泥砂浆试块) 常温常态 (56d)	MPa	≥0.12
拉伸粘结强度 (与带界面砂浆的聚苯板) 常温常态 (56d)	MPa	≥0.10 或 聚苯板破坏

⑤EPS 板性能应符合《膨胀聚苯板薄抹灰外墙外保温系统》(JG 149—2003) 中 5.3 的规定。

⑥斜嵌入式钢丝网架的性能应符合表 1-5-17 的规定。

斜嵌入式钢丝网架的性能指标　　　表 1-5-17

项　目	质　量　要　求
焊点强度	抗拉力≥330N，无过烧现象
焊点质量	网片漏焊、脱焊点不超过焊点数的 8‰，且不应集中在一处，连续脱焊点不应多于 2 点，板端 200mm 区段内的焊点不允许脱焊、虚焊，斜插丝脱焊点不超过 2%
斜插钢丝(腹丝)密度	(100～150) 根/m²
斜插钢丝与钢丝网片所夹锐角	60°±5°
钢丝挑头	网边挑头长度≤6mm，插丝挑头≤5mm
穿透 EPS 板挑头	EPS 板厚度≤50mm，穿透 EPS 板挑头离板面垂直距离≥30mm； EPS 板厚度大于 50mm 不大于 80mm，穿透 EPS 板挑头离板面垂直距离≥35mm； EPS 板厚度大于 80mm 不大于 100mm，穿透 EPS 板挑头离板面垂直距离≥40mm
EPS 板对接	EPS 板中对接不得多于两处，且对接处需用聚苯胶粘牢
钢丝网片与 EPS 板间最短距离	(5±1) mm

注：横向钢丝应对准凹槽中心。

⑦斜嵌入式钢丝网架 EPS 板的质量要求应符合表 1-5-18 的规定，规格尺寸应符合表 1-5-19 的规定。

1.5 外墙外保温技术

斜嵌入式钢丝网架 EPS 板的质量要求　　　　表 1-5-18

项　目	质　量　要　求
槽	钢丝网片一侧的 EPS 板面上槽宽（20～30）mm，槽深（10±1）mm，并且间距均匀
企　口	EPS 板两长边设高低槽，宽（20±3）mm，深 1/2 板厚，要求尺寸准确
界面处理	EPS 板钢丝网架面上均匀喷涂界面砂浆，界面砂浆与 EPS 板应粘结牢固，涂层均匀一致，不得露底，干擦不掉粉

斜嵌入式钢丝网架 EPS 板的规格　　　　表 1-5-19

层高（mm）	长（mm）	宽（mm）	厚（mm）
2800	2825	1220	40～100
2900	2925		
3000	3025		
其　他	其他规格可根据实际层高确定		

注：斜嵌入式钢丝网架 EPS 板的钢丝网片尺寸应略小于 EPS 板的尺寸。

⑧燕尾槽 EPS 板应预先加工好，双面均应喷刷界面砂浆。其外形应符合图 1-5-12 的规定，尺寸要求应符合表 1-5-20 的规定。

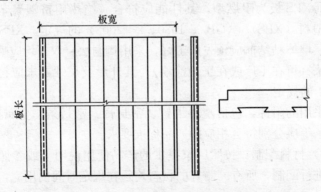

图 1-5-12　燕尾槽 EPS 板外形示意图

⑨梯形槽 EPS 板在与基层墙体粘结前应预先加工好，双面均应喷刷界面砂浆（可在工厂或在工地涂刷）。其外形及尺寸要求应符合图 1-5-13 的规定。

燕尾槽 EPS 板的尺寸要求　　　表 1-5-20

项目	质量要求
槽	燕尾槽角度为 45°～60°，槽宽（80～120）mm，槽深应为（10±2）mm，间距（80～120）mm
企口	EPS 板两长边设高低槽，宽（20±3）mm，深 1/2 板厚，要求尺寸准确

注：板长、板宽应根据实际要求确定。

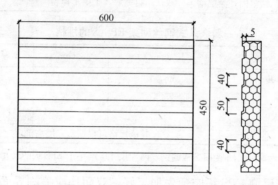

图 1-5-13　梯形槽 EPS 板外形及尺寸要求

⑩XPS 板为阻燃型，其性能应符合《绝热用挤塑聚苯乙烯泡沫塑料（XPS）》（GB/T 10801.2—2002）的规定。XPS 板在与基层墙体粘结前应预先加工好，采用掏洞法，双面均应喷刷界面砂浆（可在工厂或在工地涂刷）。其外形及尺寸要求应符合图 1-5-14 的规定。

采用的附件，包括塑料卡钉、密封膏、密封条、金属护角、盖口条等应分别符合相应的产品标准要求。

2）材料配制：按照厂家提供的产品使用说明书或参照如下配比进行配制，所有配制好的材料均须在规定时间内用完，严禁使用过时灰。

①基层界面砂浆的配制：基层界面剂：砂子：水泥按 1∶1∶1 的质量比，先将界面剂和砂子搅拌均匀后，再加入水泥继续搅拌均匀成浆状。拌合好的界面砂浆应在 2h 内用完。

②EPS 板界面砂浆的配制：EPS 板界面剂：砂子：水泥按

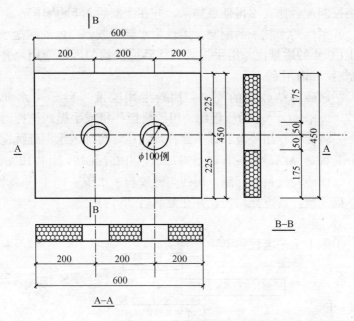

图 1-5-14 XPS 板外形及尺寸要求

1∶1∶1 的质量比，先将界面剂和砂子搅拌均匀后，再加入水泥继续搅拌均匀成浆状。拌合好的界面砂浆应在 2h 内用完。

③XPS 板界面砂浆的配制：XPS 板界面剂∶砂子∶水泥按 1∶2∶2 的质量比，先将界面剂和砂子搅拌均匀后，再加入水泥继续搅拌均匀成浆状。拌合好的界面砂浆应在 1h 内用完。

④胶粉聚苯颗粒（粘结）保温浆料的配制：采用满足浆料容积不超过搅拌机容积 70% 的搅拌机。先将约 35kg 水倒入砂浆搅拌机内（加入的水量以满足施工和易性为准），慢慢倒入一袋胶粉料，搅拌 3~5min，再倒入一袋聚苯颗粒（复合）轻骨料继续搅拌 3~5min，直至搅拌均匀。浆料应随搅随用，胶粉聚苯颗粒保温浆料应在 4h 内用完，胶粉聚苯颗粒粘结保温浆料应在 2h 内用完。

⑤抗裂砂浆的配制：抗裂剂∶砂子∶水泥按 1∶3∶1 的质量比（面砖饰面用抗裂砂浆按 1∶2∶1 的质量比），先将抗裂剂和砂子搅拌均匀后，再加入水泥继续搅拌 3min。抗裂砂浆搅拌时

严格控制配合比，不得任意加水，并在配制后1.5h内用完。

⑥柔性耐水腻子的配制：柔性耐水腻子胶：白色硅酸盐水泥按1:0.4的质量比，用手提式搅拌器搅拌均匀即可使用，并在配制后2h内用完。

⑦面砖粘结砂浆的配制：面砖专用胶液：砂子：水泥按(0.7~0.8):1:1的质量比，用砂浆搅拌机或手提式搅拌器搅拌。先将面砖专用胶液和砂子搅拌均匀后，再加入水泥继续搅拌3min，面砖粘结砂浆搅拌时不得加水，并在配制后2h内用完。

⑧面砖勾缝料的配制：面砖勾缝胶粉：水按4:1的质量比，用手提式搅拌器搅拌均匀，并在配制后2h内用完。

3) 施工工艺

①施工工艺流程如下：

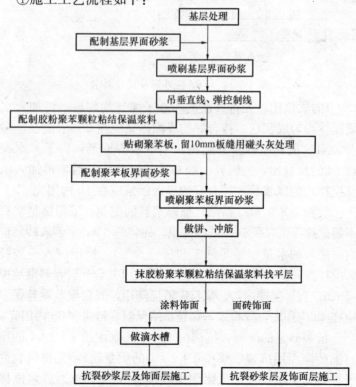

②施工要点：

A. 墙面应清理干净，并应满涂基层界面砂浆。

B. 吊垂直，弹厚度控制线。在建筑外墙大角及其他必要处挂垂直基准钢线。

C. 贴砌聚苯板前，梯形槽EPS板在工厂预制好横向梯形槽并且槽面涂刷好界面砂浆。XPS板应预先用专用机械打孔，贴砌面涂刷XPS板界面砂浆，晾干后使用。

在墙角或门窗口处贴标准厚度聚苯板，拉水平控制线。在墙面抹与聚苯板面积相当的胶粉聚苯颗粒粘结保温浆料，厚度约15～20mm，聚苯板凹槽内也填满浆料，然后随即贴砌聚苯板，开槽面向墙内。贴砌聚苯板时应均匀挤压聚苯板，使聚苯板靠墙面挤满浆料，随时用2m靠尺和托线板检查平整度和垂直度。聚苯板间应用浆料砌筑约10mm的板缝，灰缝不饱满处用浆料勾平。

聚苯板排板时遇到非标准尺寸时，可进行现场裁切。整墙面阳角处应使用整板，必须使用非整板时，非整板的宽度不应小于300mm。

排板时应按水平顺序排列，上下错缝粘贴，墙角处排板应交错互锁，窗口处的板应裁成刀把形，如图1-5-15和图1-5-16。

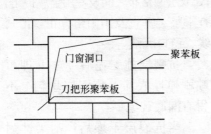
图 1-5-15 聚苯板排板示意图

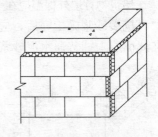
图 1-5-16 大角排板图

聚苯板贴砌24h后满涂聚苯板界面砂浆，用喷枪或滚刷均匀喷刷聚苯板界面砂浆。

D. 聚苯板界面砂浆喷刷完成24h后，用胶粉聚苯颗粒粘结保温浆料做标准厚度灰饼、冲筋，然后用胶粉聚苯颗粒粘结保温浆料罩面找平。贴砌梯形槽EPS板时找平层厚度不小于10mm，贴砌 XPS 板时找平层厚度不小于 15mm。不易贴板部位的保温作业应用胶粉聚苯颗粒粘结保温浆料进行处理。

E. 涂料饰面时，保温层施工完成后，根据设计要求拉滴水槽控制线，用壁纸刀沿线划出滴水槽，槽深 15mm 左右，用抗裂砂浆填满凹槽，将塑料滴水槽（成品）嵌入凹槽与抗裂砂浆粘结牢固。

F. 待保温层施工完成 3~7d 且保温层施工质量验收合格以后，即可进行抗裂砂浆层施工。采用涂料饰面时，先抹抗裂砂浆，铺压耐碱网格布。抗裂砂浆一般分两遍完成，第一遍厚度约 3~5mm，抗裂砂浆后应立即用铁抹子压入耐碱网格布。耐碱网格布之间搭接宽度不应小于 50mm，严禁干搭。阴阳角处也应压槎搭接，其宽度不小于 150mm，应保证阴阳角处的方正和垂直度。铺贴要平整，无褶皱，可隐约见网格，砂浆饱满度达到 100%。局部不饱满处应随即抹第二遍抗裂砂浆找平并压实。

在窗洞口等处应沿 45°方向提前用抗裂砂浆增贴一道网格布（300mm×400mm），如图 1-5-17。

首层墙面应铺贴双层耐碱网格布，两层网格布之间抗裂砂浆应饱满，严禁干贴。

建筑物首层外保温应在阳角处双层网格布之间设专用金属护角。

抗裂砂浆施工完后，应检查平整、垂直及阴阳角方正，严禁在此面层上抹普通水泥砂浆腰线、窗口套线等。

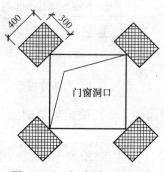

图 1-5-17　门窗洞口处增贴一道网格布示意

抗裂层施工完后 2~4h 即可喷刷弹性底涂。喷刷应均匀，不得有漏底现象。

当抗裂层干燥后，刮柔性耐水腻子（多遍成活，每次刮涂厚度控制在 0.5mm 左右），涂刷饰面涂料，应做到平整光洁。

采用面砖饰面时，先在保温层上抹第一遍抗裂砂浆，厚度控制在 2~3mm。然后根据结构尺寸裁剪热镀锌电焊网分段进行铺贴，热镀锌电焊网的长度最长不应超过3m，为使边角施工质量得到保证，将边角处的热镀锌电焊网施工前预先折成直角。在裁剪网丝过程中不得将网形成死折，铺贴过程中不应形成网兜，网张开后应顺方向依次平整铺贴，先用12号钢丝制成的U形卡子卡住热镀锌电焊网使其紧贴抗裂砂浆表面，然后用塑料锚栓将热镀锌电焊网锚固在基层墙体上。塑料锚栓按双向间隔500mm梅花状分布，有效锚固深度不得小于25mm，局部不平整处用U形卡子压平。窗口内侧面、女儿墙、深降缝等热镀锌电焊网收头处应用水泥钉加垫片使热镀锌电焊网固定在主体结构上。

热镀锌电焊网铺贴完毕经检查合格后抹第二遍抗裂砂浆，并将热镀锌电焊网包覆于抗裂砂浆之中，抗裂砂浆的总厚度宜控制在10±2mm，抗裂砂浆面层应达到平整度和垂直度要求。

抗裂砂浆抹完后一般应适当喷水养护，约7d后即可进行饰面砖粘贴工序。

饰面砖粘贴施工按照《外墙饰面砖工程施工及验收规程》(JGJ 126—2000)执行。面砖粘结砂浆厚度宜控制在5～8mm。

1.5.3 现浇混凝土聚苯板外墙外保温系统

以现浇混凝土外墙作为基层，聚苯板为保温层。施工时将聚苯板置于外模板内侧，并安装辅助固定件，聚苯板外表面可以抹胶粉聚苯颗粒浆料进行找平。抹面防护层中应满铺增强网，涂料饰面时应为薄抹面层，满铺玻纤网；面砖饰面时抹面层应满铺热镀锌金属网，金属网应用锚栓等辅助固定件与基层墙体连接。涂料饰面层应刮涂柔性耐水腻子，涂刷饰面涂料。

该系统的基本构造按膨胀聚苯板的形式分为：

①竖向凹槽膨胀聚苯板现浇系统涂料外饰面的基本构造见表1-5-21，砖外饰面的基本构造见表1-5-22。

②钢丝网架膨胀聚苯板现浇系统涂料外饰面的基本构造见表1-5-23，砖外饰面的基本构造见表1-5-24。

1. 围护结构节能技术

表 1-5-21 竖向凹槽膨胀聚苯板（无网板）现浇系统涂料饰面基本构造

基层墙体①	系统的基本构造			饰面层⑤	构造示意图
	保温层②	防火透气过渡层③	抗裂防护层④		
现浇混凝土墙体	双面经界面砂浆处理的竖向凹槽膨胀聚苯板（膨胀聚苯板上安装有塑料卡钉）	胶粉聚苯颗粒防火浆料（厚度≥10mm）	抗裂砂浆复合耐碱网格布（加强型增设一道耐碱网格布）+弹性底涂（总厚度普通型3～5mm，加强型5～7mm）	柔性耐水腻子+涂料	（构造示意图，标注①②③④⑤）

50

1.5 外墙外保温技术

表1-5-22 竖向凹槽膨胀聚苯板（无网板）现浇系统面砖饰面基本构造

系统的基本构造					构造示意图
基层墙体①	保温层②	防火透气过渡层③	抗裂防护层④	饰面层⑤	
现浇混凝土墙体	双面砂浆处理的竖向凹槽膨胀聚苯板（膨胀聚苯板上安装有塑料卡钉）	胶粉聚苯颗粒防火浆料（厚度≥10mm）	第一遍抗裂砂浆+热镀锌金属焊网（四角或六角编织网），用塑料锚栓与墙体锚固+第二遍抗裂砂浆（总厚度8~10mm）	面砖粘结砂浆+面砖+勾缝料	（见图）

1. 围护结构节能技术

钢丝网架膨胀聚苯板（有网板）现浇系统涂料饰面基本构造　　表 1-5-23

系统的基本构造					构造示意图
基层墙体 ①	保温层 ②	防火透气过渡层 ③	抗裂防护层 ④	饰面层 ⑤	
现浇混凝土墙体	双面经界面砂浆处理的钢丝网架膨胀聚苯板	胶粉聚苯颗粒防火浆料（厚度≥20mm）	抗裂砂浆复合耐碱网格布（加强型增设一道耐碱网格布）+弹性底涂（总厚度普通型 3～5mm，加强型 5～8mm）	柔性耐水腻子+涂料	

52

1.5 外墙外保温技术

表1-5-24 钢丝网架膨胀聚苯板(有网板)现浇系统面砖饰面基本构造

系统的基本构造					构造示意图
基层墙体 ①	保温层 ②	防火透气过渡层 ③	抗裂防护层 ④	饰面层 ⑤	
现浇混凝土墙体	双面经界面砂浆处理的钢丝网架膨胀聚苯板	胶粉颗粒防火浆料(厚度≥20mm)	第一遍抗裂砂浆+热镀锌金属焊网(四角电焊或六角编织网),用塑料锚栓与基层墙体锚固+第二遍抗裂砂浆(总厚度8~10mm)	面砖粘结砂浆+面砖+勾缝料	

53

1. 围护结构节能技术

1. 主要材料

(1) 现浇混凝土燕尾槽聚苯板涂料饰面外墙外保温系统性能指标如表 1-5-25。

现浇混凝土燕尾槽聚苯板涂料饰面
外墙外保温系统性能指标　　　　　表 1-5-25

试验项目		性能指标
耐候性		经80次高温(70℃)—淋水(15℃)循环和5次加热(50℃)—冷冻(−20℃)循环后不应出现开裂、空鼓或脱落。抗裂防护层与防火透气过渡层以及防火透气过渡层与保温层的拉伸粘结强度不应小于0.1MPa，破坏部位不应位于各层界面
吸水量（浸水 1h）（g/m²）		≤1000
抗冲击强度(J)	涂料饰面普通型（P型）	≥3.0
	涂料饰面加强型（Q型）	≥10.0
	面砖饰面型（Z型）	≥3.0
抗风压值		不小于工程项目的风荷载设计值
耐冻融（30次循环）		表面无裂纹、空鼓、起泡、剥离现象，抗裂防护层与防火透气过渡层以及防火透气过渡层与保温层的拉伸粘结强度不应小于0.1MPa，破坏部位不应位于各层界面
水蒸气湿流密度[g/(m²·h)]		≥0.8
不透水性		试样抗裂防护层内侧无水渗透
系统抗拉强度（竖向凹槽膨胀聚苯板现浇系统P型）（MPa）		≥0.1 并且破坏部位不应位于各层界面
面砖粘结强度（Z型，现场抽测）（MPa）		≥0.4
火反应性	现象	不应被点燃，试验结束后试件厚度变化不超过5%
	热释放速率最大值（kW/m²）	≤10
	900s总放热量（MJ/m²）	≤5

(2) 膨胀聚苯板的外观要求应符合 GB/T 10801.1—2002 的要求。其物理机械性能指标除应符合表 1-5-26 要求外，还应符合 GB/T 10801.1—2002 第Ⅱ类的其他要求。

膨胀聚苯板主要性能指标　　　　　表 1-5-26

项　目	性 能 指 标
导热系数[W/(m·K)]	≤0.041
表观密度（kg/m³）	18.0~22.0
垂直于板面方向的抗拉强度（MPa）	≥0.10
尺寸稳定性（%）	≤0.5

膨胀聚苯板的规格尺寸由供需双方商定。膨胀聚苯板两长边设高低槽，宽 20~25mm，深 1/2 板厚。其板面上的凹槽深 10±2mm，间距均匀。竖向凹槽膨胀聚苯板与混凝土墙的有效接触面积增加率不应小于 20%。

(3) 钢丝网架膨胀聚苯板的质量要求应符合表 1-5-27 要求。

钢丝网架膨胀聚苯板的质量要求　　　　表 1-5-27

项　目	质 量 要 求
膨胀聚苯板对接	板长≤3000mm 时，膨胀聚苯板对接不应多于两处，且对接处需用胶粘剂粘牢
钢丝网片与膨胀聚苯板的最短距离	10±2mm
镀锌低碳钢丝	用于钢丝网片的镀锌低碳钢丝直径为 2.00mm、2.20mm，用于斜插丝的镀锌低碳钢丝直径为 2.20mm、2.50mm，允许偏差均为±0.05mm，其性能指标应符合 YB/T 126—1997 的要求
焊点拉力	抗拉力≥330N，无过烧现象
焊点质量	网片漏焊、脱焊点不超过焊点数的 8‰，连续脱焊点不应多于 2 点，板端 200mm 区段内的焊点不允许脱焊、虚焊，斜插丝脱焊点不超过 3‰

1. 围护结构节能技术

续表

项 目	质 量 要 求
斜插钢丝（腹丝）密度	(100~150) 根/m²
斜插钢丝与钢丝网片夹角	60°±5°
钢丝挑头	网边挑头长度≤6mm，插丝挑头≤5mm
穿透膨胀聚苯板挑头	当膨胀聚苯板厚度≤50mm时，穿透膨胀聚苯板挑头离板面垂直距离≥30mm； 当50mm<膨胀聚苯板厚度≤100mm时，穿透膨胀聚苯板挑头离板面垂直距离≥35mm； 当膨胀聚苯板厚度>100mm时，穿透膨胀聚苯板挑头离板面垂直距离≥40mm

注：横向钢丝应对准膨胀聚苯板横向凹槽中心。

（4）界面砂浆的性能指标应符合表 1-5-28 要求。

界面砂浆的性能指标　　　　表 1-5-28

项　　　目			性 能 指 标
拉伸粘结强度（MPa）	与水泥砂浆试块	标准状态 7d	≥0.30
		标准状态 14d	≥0.50
		浸水后	≥0.30
	与 18kg/m³ 膨胀聚苯板试块（标准状态或浸水后）		≥0.10 且膨胀聚苯板破坏
	与胶粉聚苯颗粒防火浆料试块（标准状态）		≥0.10

（5）胶粉聚苯颗粒防火浆料的性能指标应符合表 1-5-29 要求。

胶粉聚苯颗粒防火浆料的性能指标　　表 1-5-29

项　　　目	性能指标
湿表观密度（kg/m³）	≤600
干表观密度（kg/m³）	≤350
导热系数[W/(m·K)]	≤0.075

续表

项目		性能指标
抗压强度（56d）(MPa)		≥0.30
火反应性	热释放速率最大值（kW/m²）	≤100
	900s 总放热量（MJ/m²）	≤25
拉伸粘结强度（MPa）（标准状态 56d）	与水泥砂浆试块	≥0.12
	与带界面砂浆的 18kg/m³ 膨胀聚苯板试块	≥0.10

（6）塑料卡钉应采用 ABS 工程塑料制成，其性能指标应符合表 1-5-30 要求。

塑料卡钉的性能指标　　　　表 1-5-30

项目	性能指标
外观	色泽均匀
钉身长度（mm）	≥膨胀聚苯板的厚度+50
钉身宽度（mm）	≥15
钉身厚度（mm）	2±0.5
抗拉承载力（kN）	≥0.15
抗弯曲线	钉身、钉帽弯曲 45°不折断、无折痕、无裂纹并可回复原状

（7）耐碱网格布的性能指标除应符合表 1-5-31 外，还应符合 JC/T 841—1999 的其他要求。

耐碱网格布的性能指标　　　　表 1-5-31

项目	性能指标
长度（m）	50、100 或由供需双方商定，误差不应大于±1%
宽度（cm）	90、100、120 或由供需双方商定，误差不应大于±1%
网孔中心距（经、纬向）(mm)	4±0.5
单位面积质量（g/m²）	≥160
断裂强力（经、纬向）(N/50mm)	≥1250
断裂伸长率（经、纬向）(%)	≤5
耐碱强力保留率（经、纬向）(%)	≥90
涂塑量（g/m²）	≥20

(8) 其他材料。膨胀聚苯板现浇系统所用抗裂砂浆、弹性底涂、饰面涂料、面砖粘结砂浆、面砖勾缝料、塑料锚栓、热镀锌四角电焊网、饰面砖的性能指标应符合 JG 158—2004 中 5.6、5.8、5.10～5.15 的要求;柔性耐水腻子应符合 JG/T 229—2007 的要求;六角编织网应采用热镀锌工艺,其性能指标应符合 QB/T 1925.2—1993 的相关要求。

(9) 附件。在膨胀聚苯板现浇系统中所采用的附件,包括胶粘剂、密封膏、密封条、金属护角、盖口条等应分别符合相应国家现行产品标准的要求。

2. 施工工艺

(1) 无网板施工

① 施工工艺流程如下:

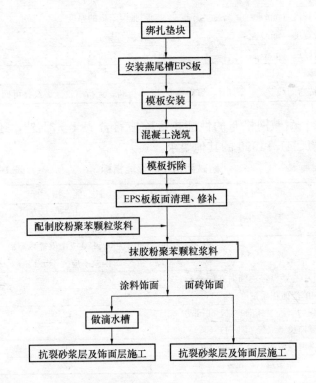

② 施工要点：

A. 外墙围护结构钢筋验收合格后，将混凝土保护层水泥砂浆垫块固定于聚苯板凹槽底，垫块数量每平方米不少于4个。

B. 安装燕尾槽聚苯板：将按排板图加工好的聚苯板和有特殊形状的聚苯板安装就位于外墙钢筋的外侧，用聚苯板卡子穿透聚苯板，适用绑扎丝把卡子与墙体钢筋绑扎固定，板与板之间的企口缝在安装前涂刷聚苯板粘接胶（有污染的部分必须先清理干净）。在板的竖缝处用专用塑料卡子（图1-5-18）连接两板，板面每间距600mm也固定一个塑料卡钉，要求两板尽可能紧密。

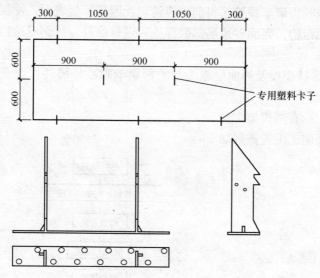

图1-5-18 塑料卡钉及其分布图

苯板安装完毕后，把ABS-U型塑料卡子固定在钢筋上，绑扎时注意聚苯板底部应绑扎紧一些，使底部内收3～5mm，保证拆模后聚苯板底部与上口平齐。

除按排板图加工的苯板按照门窗上下口尺寸安装外，其他门窗洞口处的保温板不开洞，待墙体拆模后再开洞；门窗洞口及外墙阴、阳角处聚苯板外侧燕尾槽的缝隙，用切割燕尾槽时裁剩的楔形聚苯板条塞堵，深度10～30mm。

1. 围护结构节能技术

首层的聚苯板必须严格控制在统一水平上，以保证上层聚苯板的缝隙严密、垂直。聚苯板竖向接缝时注意避开模板缝隙处。在整理下层甩出的钢筋时，要特别注意下层保温板边槽口，以免受损。

C. 外墙内侧大模板准确就位时，应使模板与聚苯板的孔洞吻合，孔洞不宜太大，以免漏浆。

墙体模板立好后，须在聚苯板的上端扣上一个槽形的镀锌薄钢板罩，防止浇筑混凝土时污染聚苯板上口。

D. 模板拆除时，穿墙套管拆除后，孔洞处所缺保温板须补齐。

抹胶粉聚苯颗粒浆料前，应清理无网聚苯板表面，使板表面洁净无污物。界面砂浆局部破坏处应进行修补。抹面应达到平整度要求。

E. 抹面层及饰面层施工与胶粉聚苯颗粒外墙外保温系统做法相同。

（2）有网板施工

①施工工艺流程如下：

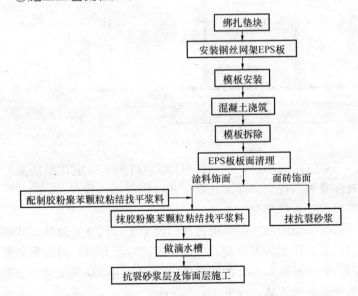

②施工要点：

A. 外墙钢筋验收合格后，钢筋外侧绑扎混凝土保护层水泥砂浆垫块，每块聚苯板内不少于6块，横向距两侧300mm，垫块间距600mm，竖向距两侧500mm，垫块间距900mm。

B. 安装有网板：将按排板图加工好的聚苯板和按特殊形状要求加工的聚苯板，就位于外墙钢筋的外侧，并用L筋按垫块位置穿过保温板，用火烧丝将其与钢丝网及墙体钢筋绑扎牢固。组拼时聚苯板的接缝处涂刷上粘接胶。L筋：直径$\phi 6$，长150mm，弯勾：30mm，其穿过保温板部分刷防锈漆两道。

外墙阳角及窗口、阳台底边处，须附加角网及连接平网，搭接长度不小于200mm。

板缝处须附加网片，并用U形8号镀锌钢丝穿过有网板绑扎在钢筋上，外侧用火烧丝绑扎在钢丝网架上。

其他与无网板施工相同。

C. 模板安装：宜采用大模板，其他与大模板常规施工相同。

D. 墙体混凝土浇筑前保温板顶面处须采用遮挡措施。采用预制楼板时，宜采用硬架支模，墙体混凝土表面标高低于板底30～50mm。

1.5.4 喷涂硬泡聚氨酯复合胶粉聚苯颗粒外墙外保温系统

喷涂硬泡聚氨酯外墙外保温系统是适应65％节能标准和低能耗节能建筑的新型外墙保温技术。该技术充分考虑了我国的建筑国情和气候特点，利用现场喷涂硬泡聚氨酯的高效保温效果和防水性以及胶粉聚苯颗粒保温浆料的找平抗裂作用，配合柔性的抗裂技术路线形成了涂料和面砖两种饰面体系，适用于新建居住建筑、公共建筑及既有建筑节能改造的混凝土和砌体结构外墙外保温工程。

该系统具有优异的保温、隔热、防火、抗震、耐候、抗风压、抗裂、憎水、透汽性能且施工简便的特点，是一种高效率的、性价比优异的外墙外保温系统。

涂料饰面保温系统的基本构造如图1-5-19。

面砖饰面保温系统的基本构造如图1-5-20。

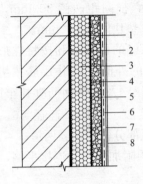

图1-5-19 系统构造示意图
1—基层墙体；2—聚氨酯防潮底漆；3—聚氨酯硬泡体保温层；4—界面层；5—胶粉聚苯颗粒保温浆料找平层；6—抗裂砂浆复合耐碱玻纤网格布；7—柔性耐水腻子；8—外墙涂料

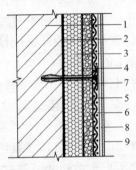

图1-5-20 保温系统构造示意图
1—基层墙体；2—聚氨酯防潮底漆；3—聚氨酯硬泡体保温层；4—界面层；5—胶粉聚苯颗粒保温浆料找平层；6—抗裂砂浆复合热镀锌四角电焊钢丝网；7—用塑料膨胀锚栓双向锚固；8—面砖粘结砂浆；9—面砖

1. 主要材料

（1）聚氨酯防潮底漆的性能指标应符合表1-5-32要求。

聚氨酯防潮底漆的性能指标 表1-5-32

项　　目	单　位	性　能　指　标
原漆外观	—	淡黄至棕黄色液体、无机械杂质
施工性	—	刷涂无困难
干燥时间	h	表干≤4，实干≤24
涂层附着力（干燥基层及潮湿基层）	级	≤1
耐碱性	—	48h不起泡、不起皱、不脱落

注：5~30℃条件下贮存，贮存期6个月。防晒。可按非危险品办理运输。

（2）聚氨酯预制件胶粘剂性能指标应符合表1-5-33要求。

1.5 外墙外保温技术

聚氨酯预制件胶粘剂性能指标 表1-5-33

项 目		单 位	性 能 指 标
拉伸粘结强度 (与水泥砂浆)	标准状态	MPa	≥0.50
	浸水后		≥0.30
拉伸粘结强度 (与聚氨酯)	标准状态	MPa	≥0.15 或聚氨酯试块破坏
	浸水后		

注：5～30℃条件下贮存，贮存期6个月。防晒。可按非危险品办理运输。

(3) 硬泡聚氨酯性能指标应符合表1-5-34要求。

硬泡聚氨酯性能指标 表1-5-34

项 目		单 位	指 标
喷涂效果		—	无流挂、塌泡、破泡、烧芯等不良现象，泡孔均匀、细腻，24h后无明显收缩
密 度		kg/m³	30～50
压缩强度		kPa	≥150
抗拉强度		kPa	≥150
导热系数		W/(m·K)	≤0.025
水蒸气透湿系数[温度(23±2)℃、相对湿度(0～85)%]		ng/(Pa·m·s)	≤6.5
吸水率 (V/V)		%	≤3
燃烧性 (垂直燃烧法)	平均燃烧时间	s	<30
	平均燃烧高度	mm	<250

(4) 聚氨酯界面砂浆的性能指标应符合表1-5-35要求。

(5) 其他材料

该系统所用抗裂砂浆、耐碱网格布、柔性腻子、热镀锌钢丝网（四角电焊网）、尼龙胀栓、面砖粘结砂浆、面砖勾缝料、饰面砖的性能指标应与胶粉聚苯颗粒外墙外保温系统相同，应符合

《胶粉聚苯颗粒外墙外保温系统》（JG 158）的规定。热镀锌钢丝网（六角编织网）应采用热镀锌工艺，其性能指标应符合《一般用途镀锌低碳钢丝编织网六角网》（QB/T 1925.2—1993）的相关要求。

保温层界面砂浆的性能指标　　　　　　　表1-5-35

项　目		性　能　指　标
拉伸粘结强度	与水泥砂浆试块 标准状态 7d	≥0.30MPa
	与水泥砂浆试块 标准状态 14d	≥0.50MPa
	与水泥砂浆试块 浸水后	≥0.30MPa
	与聚氨酯板试块（标准状态或浸水后）	≥0.15MPa 或聚氨酯破坏
	与胶粉聚苯颗粒粘结找平浆料试块（标准状态）	≥0.10MPa 或胶粉聚苯颗粒粘结找平浆料试块破坏

注：5～30℃条件下贮存，贮存期6个月。防晒。可按非危险品办理运输。

聚氨酯预制件：应达到聚氨酯保温层设计厚度要求。聚氨酯外保温系统附件主要有专用金属护角（断面尺寸为35mm×35mm×0.5mm，高 $h=2000$ mm）、密封膏、密封条、盖口条、镀锌钢丝（22号）等，应分别符合相应产品标准的要求。

2. 施工工艺

（1）施工条件

①墙面应清理干净，无油渍、无浮灰，施工孔眼应用水泥修补；旧墙面松动、风化部分应剔除干净。基层墙面平整度误差不得超过3mm。

②墙身上各种进户管线后装，并应考虑到保温层的厚度。聚氨酯硬泡保温材料喷涂前应作好门窗框的保护。宜用塑料布或塑料薄膜等对遮挡部位进行防护。

③喷涂硬泡聚氨酯的施工环境温度及基层温度不应低于10℃，风力不应大于4级，风速不宜大于4m/s。聚苯颗粒找平及抗裂防护层施工环境温度不应低于5℃。严禁雨天施工，雨期

施工应采取防雨措施。

④聚氨酯白料、黑料应在干燥、通风、阴凉的场所密封贮存,白料贮存温度以15～20℃为宜,不得超过30℃,不得暴晒。黑料贮存温度以15～35℃为宜,不得超过35℃,最低贮存温度不得低于5℃。两者贮存期均为6个月。聚氨酯白料、黑料在贮存运输中应有防晒措施。

(2) 施工工艺流程如下:

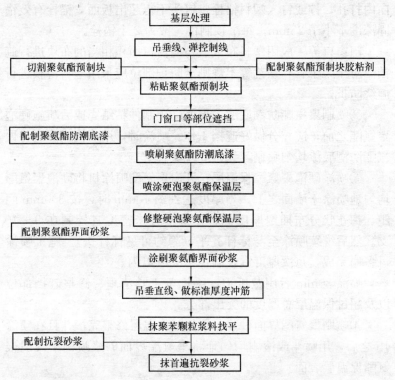

(3) 施工要点

①粘贴、锚固聚氨酯预制件:在阴阳角或门窗口处,粘贴聚氨酯预制件,并达到标准厚度。对于门窗洞口、装饰线角、女儿墙边沿等部位,用聚氨酯预制件沿边口粘贴。墙面宽度不足900mm处不宜喷涂施工,可直接用相应规格尺寸的聚氨酯预制

件粘贴。

预制件之间应拼接严密,缝宽超出 2mm 时,用相应厚度的聚氨酯片堵塞。粘贴时用抹子或灰刀沿聚氨酯预制件周边涂抹胶浆,其宽度为 50mm 左右,厚度为 3~5mm,然后在预制块中间部位均匀布置 4~6 个点,总涂胶面积不小于聚氨酯预制件面积的 30%。要求粘结牢固,无翘起、脱落现象。

聚氨酯预制件粘贴完成 24h 后,用电锤在聚氨酯预制件表面向内打孔,拧或钉入塑料锚栓,钉头不得超出板面,锚栓有效锚固深度不小于 25mm,每个预制件一般为 2 个锚栓。

门窗口等一般用塑料布裁成与门窗口面积相当的布块进行遮挡。对于架子管,铁艺等不规则需防护部位应采用塑料薄膜进行缠绕防护。

②喷刷聚氨酯防潮底漆:聚氨酯预制件粘结完成后喷施硬泡聚氨酯之前,应充分做好遮挡工作。喷涂时,用喷枪或滚刷将聚氨酯防潮底漆均匀喷刷,无透底现象。

③喷涂硬泡聚氨酯保温层:开启聚氨酯喷涂机将硬泡聚氨酯均匀地喷涂于墙面之上,当厚度达到约 10mm 时,按 300mm 间距、梅花状分布插定厚度标杆,每平方米密度宜控制在 9~10 支。然后继续喷涂至与标杆齐平(隐约可见标杆头)。施工喷涂可多遍完成,每次厚度宜控制在 10mm 以内。

喷涂 20min 后用裁纸刀、手锯等工具清理、修整遮挡部位以及超过保温层总厚度的突出部分。

④喷刷聚氨酯界面砂浆:聚氨酯保温层修整完毕并且在喷涂 4h 之后,用喷斗或滚刷均匀地将聚氨酯界面砂浆喷刷于硬泡聚氨酯保温层表面。

⑤抹胶粉聚苯颗粒浆料找平:应分两遍施工,每遍间隔在 24h 以上。抹头遍浆料应压实,厚度不宜超过 10mm。抹第二遍浆料应达到平整度要求。

⑥抗裂砂浆层及饰面层施工与胶粉聚苯颗粒外墙外保温系统相同。

1.5.5 预制复合保温板外墙外保温系统

预制复合保温板外墙外保温系统是由工厂预制生产的各种保温幕墙板，现场进行装配化安装，形成外墙外保温系统。外挂预制复合保温板分为两种：一种采用轻钢龙骨固定于基层墙体；另一种采用经现场粘贴（辅以钉扣）直接将外挂保温板固定于基层墙体。饰面可预制或后做。

外挂预制复合保温板面板尺寸一般不宜超过 1200mm×1200mm。饰面层可后做。

外挂预制复合保温板系统适用于钢结构、混凝土结构等多层、高层房屋。也适用既有建筑的节能改造，外观翻新改造。

施工要点如下：

（1）面板及保温材料的技术性能应符合相应材料标准的规定：铝合金板为 JC/T 564—2000；模塑聚苯板为 GB/T 10801.1；挤塑聚苯板为 GB/T 10801.2；聚氨酯为 QB 3806—99；聚氨酯结构胶为 GB 18583—2001。

（2）基层墙体应坚实平整。

（3）粘贴外挂保温板的胶粘剂，应能承受系统外挂板及装饰层的全部荷载。胶粘剂应涂在保温板上，涂胶面积不应小于 40%。板的侧边不得涂胶。粘贴外挂保温板时，板缝应按设计留置，相邻板应齐平，板间高差不得大于 1.0mm。板缝的处理应先用与保温板相同材料填充板缝，表面用硅酮胶封闭。如后做装饰层施工应在外挂保温板粘贴牢固后（至少24h）进行。

（4）轻钢龙骨外挂预制复合保温板安装时，应在板边预钻 Φ3 孔，孔距不大于 200mm，并在表面扩孔（沉头孔），板就位后，再在板面的预钻孔位置处钻龙骨孔，并用自攻螺钉固定，螺钉沉头应略低于板面。龙骨、支座、支承板均采用Ⅰ级钢，表面镀锌；螺栓螺钉等也应表面镀锌。

（5）装配式预制外保温系统板缝须采用相应保温材料进行密封，表面应嵌耐候性能好的密封胶材料，满足防水及防裂要求。

1.6 屋面保温隔热技术

1.6.1 屋面保温隔热系统构造及特点

1. 正置式屋面

(1) 构造示意如图 1-6-1。

(2) 技术特点及要求：

1) 保温材料可选用挤塑聚苯板、模塑聚苯板、硬泡聚氨酯和加气混凝土砌块等。

2) 当屋面同时使用两种保温材料复合时，应注意保温材料的排列，如选用加气混凝土砌块及聚苯板保温材料时，加气混凝土砌块宜铺设在聚苯板保温材料上面。

3) 基层隔汽性能差宜在保温层下增加隔汽层；保温层上应做找平层。

2. 倒置式屋面

(1) 构造示意如图 1-6-2。

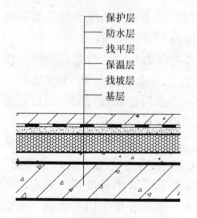
图 1-6-1 置式屋面构造示意图

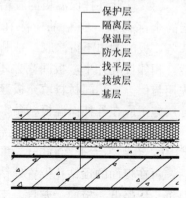
图 1-6-2 置式屋面构造示意图

(2) 技术特点及要求：

1) 一般应用于已做找坡层的平屋面，坡度不宜大于 10%。

2）应采用吸水率低，有一定压缩强度的保温材料。除采用挤塑聚苯板外，还可选用喷涂硬泡聚氨酯、硬泡聚氨酯板等。

3）保温材料上应采用卵石、块体材料或抹带增强网的水泥砂浆做保护层兼压置层，保护层和保温层间应铺隔离层。

3．坡屋面

（1）构造示意：坡屋面的坡度一般为20％～90％。坡屋面构造示意如图1-6-3。

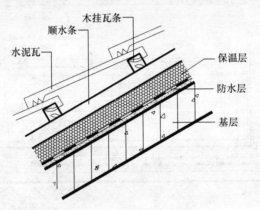

图1-6-3 坡屋面构造示意图

（2）技术特点及要求：

1）保温材料宜选用挤塑聚苯板，硬泡聚氨酯板，还可选用整体喷涂硬泡聚氨酯等。若用Ⅱ型喷涂硬泡聚氨酯则应加设与之配套的防水涂层。

2）保温层可设置在防水层上，应用保温板粘结砂浆粘贴，保温层上宜设防护层。

3）采用有自防水功能的瓦材时，保温层可设置在防水层下，保温板材应用保温板粘结砂浆粘贴牢固。

4）坡度大于45％的屋面，保温板材除应粘贴牢固外，檐口端部宜设挡台构造。

4．架空屋面

（1）构造示意：架空屋面是由隔热构件、通风空气间层、支撑构件和基层（结构层、保温层、防水层）组成，其构造示意如图 1-6-4。

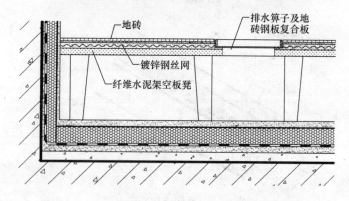

图 1-6-4　预制纤维水泥板凳架空屋面构造示意图

（2）技术特点及要求：

1）屋面的坡度不宜大于 5%，预制隔热层的高度应按屋面宽度或坡度大小确定。一般以 150～250mm 为宜。架空层不应代替保温层。

2）进风口宜设在夏季最大频率风向的正压区，出风口宜设在负压区。

3）在靠山墙或女儿墙预制的纤维水泥预制板凳与相邻板凳间应留出空间预制加盖通风钢箅子。上人屋面表面应增加带配筋的砂浆层。

4）支座底面的保温或防水层应采取保护加强措施。

5. 种植屋面

（1）种植屋面构造示意如图 1-6-5。

(2) 技术特点及要求：

1) 种植屋面宜为平屋面。当设计为花园式种植屋面时，必须设置一道耐根穿刺层。

2) 有采暖要求时，种植屋面应设保温层，保温层应采用吸水率低、导热系数小，并具有一定强度的保温材料，如挤塑聚苯板、硬质泡沫聚氨酯板、喷涂硬泡聚氨酯等。

3) 种植屋面四周应设置足够高的实体防护墙和一定高度的内挑防护栏杆。

4) 种植屋面应设置冬季防冻胀保护措施。在女儿墙及山墙周边应设置缓冲带，当建筑物的排水系统设在屋面周边时，周边的排水沟可以作为防冻胀缓冲带。

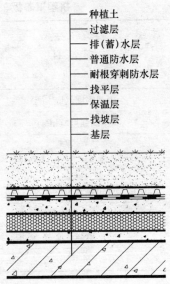

图1-6-5 种植屋面构造示意图

5) 种植屋面施工完的防水层、耐根穿刺防水层应进行蓄水或淋水试验，确认无渗漏后再做保护层、排（蓄）水层、铺种植土等。

1.6.2 屋面保温隔热系统材料

1. 屋面保温材料宜用板状、块状保温材料，如聚苯板、聚氨酯泡沫塑料板、加气混凝土块（泡沫混凝土块）、泡沫玻璃块等，也可应用现场喷涂硬泡聚氨酯，不宜采用松散易吸水的材料。保温材料的质量应符合表1-6-1、表1-6-2和表1-6-3。

2. 喷涂硬泡聚氨酯面层抗裂聚合物水泥砂浆所用的原材料应符合下列要求：

(1) 聚合物乳液的外观质量应均匀，无颗粒、异物和凝固物，固体含量应大于45%。

1. 围护结构节能技术

挤塑聚苯板、模塑聚苯板性能指标　　表 1-6-1

项　目	性能要求 聚苯乙烯泡沫板	
	挤塑(XPS)	模塑(EPS)
表观密度(kg/m³)	—	≥22
压缩强度(kPa)	≥250	≥60
导热系数[W/(m·K)](不带表皮)	≤0.030 (≤0.032)	≤0.042
70℃,48h 后尺寸变化率(%)	≤1.5	≤0.5
吸水率(V/V,%)	≤1.2	≤4.0
燃烧性能	E(B2)	E(B2)
外　观	板材表面基本平整,无严重凸凹不平	

喷涂硬泡聚氨酯性能指标　　表 1-6-2

项　目	性　能　要　求		
	Ⅰ型	Ⅱ型	Ⅲ型
密度(kg/m³)	≥35	≥45	≥55
导热系数[W/(m·K)]	≤0.024	≤0.024	≤0.024
压缩性能(形变10%)(kPa)	≥150	≥200	≥300
不透水性(无结皮)0.2MPa,30min	—	不透水	不透水
尺寸稳定性(70℃,48h)(%)	≤1.5	≤1.5	≤1.0
闭孔率(%)	≥90	≥92	≥95
吸水率(%)	≤3	≤2	≤1
燃烧性能	E(B2)		

注: Ⅰ型仅用于屋面保温; Ⅱ型用于屋面复合保温防水层; Ⅲ型用于屋面保温防水层(择自:《聚氨酯保温防水技术规程》GB 50404)。

(2) 水泥宜采用强度等级不低于 32.5 的硅酸盐水泥,不得使用过期或受潮结块水泥。

加气混凝土砌块性能指标 表1-6-3

体积密度级别		B04	B05	B06	B07
干密度（kg/m³）		≤425	≤525	≤625	≤725
强度级别（MPa）		≥2.0	≥2.5	≥3.5	≥5.0
干燥收缩值	标准法（mm）	≤0.50			
	快速法（mm）	≤0.80			
抗冻性	质量损失（%）	≤5.0			
	冻后强度（MPa）	≥1.6	≥2.0	≥2.8	≥4.0
导热系数（干态）[W/(m·K)]		≤0.12	≤0.14	≤0.16	≤0.18
耐火极限（h）		≥4.0			

（3）砂宜采用细砂，含泥量不应大于1%。

（4）水应采用不含有害物质的洁净水。

（5）增强纤维宜采用短切聚酯、聚丙烯等纤维或耐碱性能的玻纤网布。

3. 砂浆宜采用干拌砂浆。不具备使用干拌砂浆条件时，可用性能相同砂浆代替。

干拌砂浆其主要代号及性能如下：

DS——普通抹灰砂浆、找平砂浆见表1-6-4。

普通抹灰砂浆、找平砂浆性能 表1-6-4

种 类		抹灰砂浆	地面砂浆
代 号		DP	DS
稠度（mm）		≤100	≤50
分层度（mm）		≤20	≤20
保水性（%）		≥80、70、65	≥65
拉伸粘结强度（MPa）		≥0.4 或基层破坏	≥0.4 或基层破坏
凝结时间（h）	初凝	≥2	≥2
	终凝	≤10	≤10
抗冻性		满足设计要求	
收缩率（%）		≤0.5	

1. 围护结构节能技术

DEA——保温板粘结砂浆见表1-6-5。

保温板用粘结砂浆（DEA）技术要求　　表 1-6-5

检验项目			单位	指标
拉伸粘结强度	（与水泥砂浆）	常温常态	MPa	≥0.60
		耐水	MPa	≥0.40
	（与模塑聚苯板）	常温常态	MPa	≥0.10
		耐水	MPa	≥0.10
	（与配套的挤塑聚苯板）	常温常态	MPa	≥0.20
		耐水	MPa	≥0.20
胶粘剂与基层墙体拉伸粘结强度			MPa	≥0.30
可操作时间			h	≥2
与聚苯板的相容性、剥离厚度			mm	≤1.0

DBI——保温板的抹面砂浆见表1-6-6。

保温板抹面砂浆（DBI）技术要求　　表 1-6-6

检验项目			单位	指标
拉伸粘结强度	（与模塑聚苯板）	常温常态	MPa	≥0.10
		耐水	MPa	≥0.10
		耐冻融	MPa	≥0.10
	（与挤塑聚苯板）	常温常态	MPa	≥0.20
		耐水	MPa	≥0.20
		耐冻融	MPa	≥0.20
柔韧性、抗压强度/抗折强度（水泥基）				≤0.30
吸水量			g/m²	≤1000
与水泥砂浆拉伸粘结强度（当做面砖饰面时）		常温常态	MPa	≥0.50
		耐水	MPa	≥0.50
		耐冻融	MPa	≥0.50
可操作时间			h	≥2
也聚苯板的相容性、剥离厚度			mm	≤1.0

4. 保温隔热材料应按规范规定抽样复检。同一批材料至少应抽样一次。

5. 进场后的保温隔热材料物理力学性能应检验下列项目：

(1) 保温材料的导热系数、密度、压缩强度或抗压强度；

(2) 硬泡聚氨酯应先在施工现场做样板，达到要求后再进行施工；

(3) 用于架空屋面的预制纤维水泥预制板凳的抗折强度。

1.6.3 聚苯板正置保温屋面（XPS、EPS 板）施工

1. 干铺保温层

聚苯板可直接铺设在找坡层上，铺平、垫稳、缝对齐，并及时做找平层，防止聚苯板被风刮掉。分层铺设时，上、下两层板的接缝应相互错开，相邻聚苯板板边厚度应一致并挤严。

2. 粘贴保温层

采用粘结法铺设时，聚苯板应用粘结材料平粘在屋面基层上，应贴严、粘牢。粘结材料宜采用 DEA 保温板粘结砂浆。不应采用溶剂型粘结材料。

1.6.4 加气混凝土砌块保温屋面施工

1. 干铺保温层

加气混凝土砌块可直接铺在基层上，逐行铺设。相邻两行和上下两层的加气块接缝应错开，厚度一致。

2. 粘贴保温层

采用粘贴法铺设时，加气混凝土砌块应用粘结料平粘在屋面基层上，粘严，粘平，块与块的缝间或缺棱掉角处用碎加气块加粘结材料搅拌均匀后填补严密，粘结加气混凝土砌块宜采用粘结砂浆（DEA）。

3. 复合保温层的铺设

聚苯板与加气混凝土砌块复合保温和硬泡聚氨酯板与加气混凝土砌块复合保温时，加气混凝土砌块应铺在聚苯板和硬泡聚氨

酯板的上面。

1.6.5 聚氨酯硬泡体喷涂保温屋面施工

喷涂硬泡聚氨酯材料可以是以保温为主的做法（Ⅰ、Ⅱ型），也可集防水、保温于一体的材料（Ⅲ型）。喷涂硬泡聚氨酯防水保温工程应使用专用喷涂设备，在现场作业面上连续喷涂施工完成。喷涂施工完成后，在施工作业面上形成一层无接缝的连续壳体。

1. 喷涂硬泡聚氨酯

（1）在喷涂施工前两组份液体原料（多元醇和异氰酸酯）与发泡剂等添加剂必须按工艺设计配比准确计量，投料顺序不得有误，混合应均匀，热反应应充分，输送管路不得渗漏，喷涂施工应连续均匀。

（2）应根据防水保温层厚度，一个施工作业面可分几遍喷涂完成，每遍喷涂厚度宜在 10~15mm。当日的施工作业必须当日连续喷涂完成。屋面上的异形部位应按细部构造进行附加层喷涂施工。

（3）喷涂施工后 20min 内严禁上人行走。

（4）喷涂硬泡聚氨酯防水保温层验收合格后，方可进行防护层施工。

（5）防水保温层施工同时应喷涂 1 组 3 块 500mm×500mm 厚度不小于 50mm 的试块，用于材料的性能检测。

2. 保护层施工

（1）喷涂硬泡聚氨酯防水保温层表面在无后续保护工序时，应设置一层防紫外线照射的防护层。防护层可选用耐紫外线的保护涂料或聚合物水泥砂浆保护层。

（2）当采用聚合物水泥砂浆保护层时，可将聚合物水泥砂浆刮涂在保温层表面，要求分 3 次刮涂，保护层厚度在 5mm 左右，每遍刮涂间隔时间不少于 24h。

（3）喷涂施工现场环境温度不宜低于 15℃。空气相对湿度宜小于85%，风力宜小于3级。

1.6.6 架空屋面施工

1. 屋面防水层如无刚性保护层，预制纤维水泥板凳下应增铺纤维水泥垫板。

2. 应按设计要求安装预制纤维水泥板凳，平整、垫稳；

3. 预制纤维水泥板凳安装完毕，需进行养护，待粘结砂浆强度达到上人要求时，可进行预制纤维水泥板凳表面处理。

4. 在靠女儿墙的预制纤维水泥板凳与相邻板凳间安装预制通风钢箅子或活动盖板。

5. 上人屋面纤维水泥架空板凳表面应做 DS 砂浆处理，内配镀锌钢丝。其表面宜粘贴一定厚度防滑地砖。

预制纤维水泥板凳表面缝隙应用弹性密封膏填塞。并应对勾缝进行湿养护。预制纤维水泥板凳坐砌完毕，不得再在其上进行其他施工。

6. 在无刚性保护层的正置式屋面上进行架空层施工时，一定要对防水层采取有效保护措施，严禁损伤防水层。

1.6.7 种植屋面施工

种植屋面分为花园式种植屋面、简单式种植屋面及地下建筑顶板覆土种植三种形式。

花园式种植屋面以造景为主，设计成空中花园，一旦渗漏，修补代价极高。因此，保温层、防水层设计必须高度重视。防水层上必须设置耐根穿刺层。

简单式种植屋面一般在带有刚性保护层的屋面上直接铺设预制草毯一次成坪绿化，或摆放可移动容器（如塑料托盘、模块等）绿化。由于种植草坪或地被植物，根系不太发达，屋面可不设置耐根穿刺层。但必须确保屋面的防水、保温功能。

地下建筑（如地下车库、停车场、商场、人防等）顶板上实现地面绿化，大都设计为地面花园、健身广场，因此视同于种植屋面。当覆土较深时，可不设保温层，但特别注意防水层及耐根穿刺层，必须做好以确保种植、使用功能。

1. 伸出屋面的管道、设备、预埋件等在保温层施工前安装完毕，管道根部用细石混凝土填塞密实并将基层杂物、灰浆清理干净。

2. 按设计要求的厚度铺设保温材料。铺平、垫稳。验收合格。

3. 先找出排水坡度，然后抹 1:2.5～1:3 的水泥砂浆找平层，厚度为 20mm。再进行防水层施工。

4. 耐根穿刺材料施工：当采用合金防水卷材时，大面与自粘橡胶沥青卷材粘结，搭接缝采用热焊接法施工；当采用高密度聚乙烯土工膜时，大面采用空铺，搭接缝采用热焊接法施工；当采用其他耐根穿刺材料施工时，应符合《种植屋面防水施工技术规程》（DB 11/366—2006）的要求。

耐根穿刺防水层在平面与立墙转角处应向上铺设至种植基质表面上 250mm 处收头。

当防水层与耐根穿刺层不相容时中间宜加一道隔离层，隔离层可采用聚乙烯膜（PE）、无纺布或油毡等。

5. 防水层及耐根穿刺层完工后，应按相关材料特性进行养护，并进行蓄水或淋水试验。确认无渗漏后再做保护层及其他工序。

6. 保护层施工：根据设计要求在防水层及耐根穿刺层上铺设相关保护层（聚乙烯膜或油毡），以保护防水层、耐根穿刺层不被损坏。

7. 排水层宜采用排（蓄）水板，凸面朝下，一般采用空铺对接方法，铺平。

8. 过滤层一般采用 200～250g/m² 聚酯纤维无纺布。搭接缝用线绳联接，大面空铺，四周向上翻 100mm，端部及收头处 50mm 范围内用胶粘剂与基层粘牢。

9. 砌筑挡土墙（花台），可根据设计要求采用不同的材料。

如塑料隔栅，小圆木，砌块、空心砖砌筑等。挡土墙一般不高于400mm。

10. 铺设种植基质：

（1）根据设计要求，可以铺设50mm～1.5m不等厚度的种植基质。种植基质的厚度可采用造坡方式。边缘种草可薄，中间种乔可增厚。也可根据树木大小设置树汊池、花坛等。

（2）种植基质不得采用田园土，一般采用无机质与有机质配制的、经过消毒的轻质种植基质。

（3）在屋面与立面转角处、女儿墙根处、伸出屋面管道根、水落口、天沟、檐口等部位，300～500mm范围内不得铺设种植基质，可用陶粒或卵石代替。

（4）种植屋面女儿墙周边应设置缓冲带（约250mm宽）。当建筑物的排水系统设在屋面周边时，周边的排水沟可以作为防冻胀缓冲带。

1.6.8 倒置式屋面保温层施工

1. 保温层施工，应在防水层完工并验收合格后进行。
2. 保温材料可以直接干铺或用DEA保温板粘结砂浆粘贴，聚苯板不得选用溶剂型胶粘剂粘贴。
3. 保温材料接缝处可以是平缝也可以是企口缝，接缝处应挤严。
4. 在保温层与上层保护层之间设置隔离层，应按设计要求采用粘结力不强、便于滑动的材料，如不低于$200g/m^2$聚酯纤维无纺布。

挤塑聚苯板保温层不应直接接受太阳照射，还应避免与溶剂接触，严禁在高温环境下（80℃以上）使用。

5. 上人屋面保护层施工。采用细石混凝土做保护层时，应按设计要求进行分格缝的节点处理；采用混凝土块材做上人屋面保护层时，应用水泥砂浆坐浆平铺，板缝用砂浆勾缝处理。
6. 不上人屋面保温房施工。可用干铺预制混凝土板的方法进行压置；当选用卵石或砂砾作保护层时，不得有泥沙等杂物，其直径宜为 20~60mm。注意水落口的畅通。压置物的质量应保证最大风力时保温板不被刮起和保证保温层在积水状态下不浮起。

1.7 节能门窗应用技术

建筑门窗是整个建筑围护结构中保温隔热最薄弱的一个环节，是影响建筑节能和室内热环境质量的主要因素之一。据有关资料报道，在我国采暖住宅建筑中，当窗墙面积比为 25% 左右时，通过窗户的传热损失约占建筑物全部损失的 1/4；通过门窗开启缝隙及门窗与墙体之间缝隙空气渗漏造成热损失约占 1/4。两面者合计约占 1/2。

提高门窗的保温功能就是使门窗具有较高的总热阻值；提高门窗的隔热功能就是减少门窗的太阳辐射得热量，从而起到降低夏季空调负荷（特别是其峰值）的作用。

1.7.1 门窗保温隔热的技术途径

1. 门窗保温隔热的主要技术措施

（1）建筑的外窗、玻璃幕墙面积不宜过大。空调建筑或空调房间应尽量避免在东、西朝向大面积采用外窗、玻璃幕墙。采暖建筑应尽量避免在北朝向大面积采用外窗、玻璃幕墙。

（2）在有保温性能要求时，建筑门窗、玻璃幕墙应采用中空玻璃、Low-E 中空玻璃、充惰性气体的 Low-E 中空玻璃、两层或多层中空玻璃等。严寒地区可采用双层外窗、双层玻璃幕墙提高保温性能。

（3）保温型外窗可采用木-金属复合型材、塑料型材、隔热铝合金型材、隔热钢型材、玻璃钢型材等。

（4）保温型玻璃幕墙应采取措施，避免形成跨越分隔室内外保温玻璃面板的冷桥。主要措施包括：采用隔热型材、连接紧固件采取隔热措施、采用隐框结构等。

保温型幕墙的非透明面板应加设保温层。保温层可采用岩棉、超细玻璃棉或其他不燃保温材料制作的保温板。

保温型门窗、玻璃幕墙周边与墙体或其他围护结构连接处应采用有弹性、防潮型保温材料填塞，缝隙应采用密封剂或密封胶密封。

(5) 在有遮阳要求时，建筑门窗、玻璃幕墙宜采用吸热玻璃、镀膜玻璃（包括热反射镀膜、Low-E 镀膜、阳光控制镀膜等）、吸热中空玻璃、镀膜（包括热反射镀膜、Low-E 镀膜、阳光控制镀膜等）中空玻璃等。

(6) 空调建筑的向阳面，特别是东、西朝向的外窗、玻璃幕墙，应采取各种固定或活动式等有效的遮阳措施。在建筑设计中宜结合外廊、阳台、挑檐等处理方法进行遮阳。

建筑外窗、玻璃幕墙的遮阳应综合考虑建筑效果、建筑功能和经济性，合理采用建筑外遮阳并和特殊的玻璃系统相配合。

(7) 居住建筑的外窗应设置足够面积的开启部分，外窗的开启部位应与建筑的使用空间相协调，以有利于房间的自然通风。

采用玻璃幕墙时，在每个有人员经常活动的房间，玻璃幕墙均应设置可开启的窗扇或独立的通风换气装置。

(8) 当建筑采用双层玻璃幕墙时，严寒、寒冷地区宜采用空气内循环的双层形式；夏热冬暖地区宜采用空气外循环的双层形式；夏热冬冷地区和温和地区应综合考虑建筑外观、建筑功能和经济性采用不同的形式。

空调建筑的双层幕墙，其夹层内应设置可以调节的活动遮阳装置。

(9) 严寒、寒冷、夏热冬冷地区建筑的外窗、玻璃幕墙应进行结露验算，在设计计算条件下，其内表面温度不应低于室内的露点温度。

(10) 建筑幕墙的非透明部分，应充分利用幕墙面板背后的空间，采用高效、耐久的保温材料进行保温。

在严寒、寒冷地区，幕墙非透明部分面板的背后保温材料所在空间应充分隔汽密封，防止结露。幕墙与主体结构间（除结构连接部位外）不应形成冷桥。

(11) 公共建筑的出入口处，在严寒地区应设置门斗或热风幕等避风设施；在寒冷地区宜设置门斗或热风幕等避风设施；在夏热冬冷、夏热冬暖地区，频繁开启的外门宜设置门斗或空气幕等防渗漏措施。

(12) 空调建筑大面积采用玻璃窗、玻璃幕墙时，根据建筑功能、建筑节能的需要，可采用智能化控制的遮阳系统、通风换气系统等。智能化的控制系统应能够感知天气的变化，能结合室内的建筑需求，对遮阳装置、通风换气装置等进行实时监控，达到最佳的室内舒适效果和降低空调能耗。

2. 增加型材的热阻值的主要措施

目前门窗常用的型材主要有：木、塑、钢、铝、玻璃钢等材料，不同材料的传热性能比较见表 1-7-1。

不同材料的传热系数 表 1-7-1

材料名称	铝材	钢材	玻璃	玻璃钢	松木	PVC	空气
传热系数 $[W/(m^2·K)]$	203	110.9	0.81	0.27	0.17	0.30	0.046

采用上述材料制造成的门窗的保温性能见表 1-7-2。

各类窗户传热、保温性能对比 表 1-7-2

窗框材料	窗户类型	传热系数 $[W/(m^2·K)]$
木窗	单玻木窗	4.5
	单框双玻木窗	2.5
	双层木窗	1.76
钢窗	单玻钢窗	6.5
	单框双玻窗	3.9～4.5
	双层窗	2.9～3.0

1.7 节能门窗应用技术

续表

窗框材料	窗户类型	传热系数[W/(m²·K)]
普通铝合金窗	单玻铝窗 双玻铝窗 单框中空玻璃窗	6.5 3.9～4.5 3.5
断热铝合金窗	单玻窗 一般中空玻璃窗	5.7 2.7～3.5
塑料窗	单框单玻窗 单框双玻窗 单框中空玻璃窗	4.7 3.0～3.5 2.6～3.0
玻璃钢窗	单框中空玻璃 单框单玻	2.3～2.8 4.0

目前,木窗除高级别墅外已不是建筑首选的门窗品种。

钢窗(包括彩板组角窗)由于保温性能较差,现在逐渐在寒冷地区民用建筑中退出。

铝合金门窗。一般普通铝合金门窗因其铝框材传热性能好,保温功能差,目前也逐渐被淘汰。新型铝合金门窗即"第二代铝合金建材"中断热冷桥型材是目前环保节能型材中的主要的一个品种(图1-7-1)。

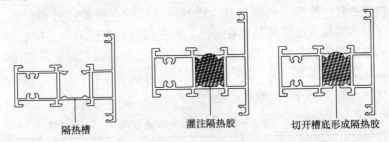

图1-7-1 两种隔热断桥铝合金型材

PVC塑钢门窗是以改性硬聚氯乙烯(VPVC)树脂为主要原料,配以一定比例的各种助剂经挤出加工为各种断面结构的塑料异型材,然后加工符合要求的门窗框扇。为了保证门窗框扇足够的力学性能和五金配件的联贯强度,在其异型材内腔衬以足够厚度、长度的镀锌钢衬。并根据门窗的功能要求，装配不同的橡胶密封条、毛条、五金配件、玻璃等。通过这样的生产过程生产出的产品称塑料门窗，俗称塑钢门窗。

塑料型材有其优点，但由于PVC塑料存在热胀冷缩变形大、低温冷脆、本身强度抗风压能力弱等缺陷，影响了其使用效果。尤其是在寒冷及严寒地区的使用。

玻璃钢是一种新型的高分子复合材料，其强度、热膨胀性能、传热性能都优于PVC。而用它制成的门窗型材同样是多腔空腹异型材。因此，各方面的性能远远优于塑料型材，已成为保温节能门窗产品的新秀。

综上所述，目前节能保温门窗的框材，主要以塑料、断热铝合金、玻璃钢三种材质为主。

3. 提高玻璃保温、隔热功能的措施

门窗镶嵌的玻璃占整窗面积的60%～70%，提高玻璃的保温功能是门窗节能的关键。

目前具有较好的节能保温效果的玻璃及玻璃制品的品种较多。常见的有中空玻璃。

中空玻璃是将两片或多片玻璃其周边用间隔框分开，并用密封胶密封，使玻璃间形成有干燥气体空间的一种复合玻璃制品，可以将多种节能玻璃复合在一起，产生最好的节能效果。中空玻璃是当前国家力推的节能产品，有些地区已作为强制性建筑规范，如北京、天津等。优质的中空玻璃和具有优良保温性能的门窗型材制成的节能门窗的效果更佳，见表1-7-3、表1-7-4和表1-7-5。

部分不同结构玻璃的节能效果　　　　表1-7-3

玻璃种类、结构	夏季传入室内的热量	冬季传出室内的热量
6mm 单片玻璃	710W/m²	154W/m²
普通透明中空玻璃	594W/m²	69W/m²
单片热反射玻璃	368W/m²	137W/m²
热反射中空玻璃	242W/m²	84W/m²
Low-E 中空玻璃	215W/m²	41W/m²

1.7 节能门窗应用技术

表1-7-4 中空玻璃保温性能分级表

分级	U值（或K值）[W/(m²·K)]	材料或构造			门窗框配置	适用地区
		玻璃	间隔层	气体		
一级	$U \leq 1.80$	离线Low-E	单层12mm	空气	断桥铝合金 PVC 玻璃钢等	严寒地区 寒冷地区 夏热冬冷地区 夏热冬暖地区
		在线Low-E	单层12mm	氩气		
		不限	双层≥24mm	氩气		
二级	$1.80 < U \leq 2.50$	离线Low-E	单层≥9mm	空气	断桥铝合金 PVC 玻璃钢等	严寒地区 寒冷地区 夏热冬冷地区 夏热冬暖地区
		在线Low-E	单层12mm	空气		
		阳光控制镀膜	双层≥24mm	空气		
三级	$2.50 < U \leq 2.90$	阳光控制镀膜	单层≥9mm	空气	普通铝合金 断桥铝合金 PVC 玻璃钢等	寒冷地区 夏热冬冷地区 夏热冬暖地区
		不限	单层12mm	氩气		
		不限	单层≥mm	氩气		
四级	$U > 2.90$	不限	单层	空气	普通铝合金 断桥铝合金 PVC 玻璃钢等	夏热冬冷地区 夏热冬暖地区

中空玻璃隔热性能分级表　　　　　　　表 1-7-5

分级	遮蔽系数 S_e	采用玻璃品种	适用地区
Ⅰ	$S_e \leqslant 0.25$	阳光控制镀膜玻璃、具有遮蔽功能 Low-E 玻璃	夏热冬冷地区 夏热冬暖地区
Ⅱ	$0.25 < S_e \leqslant 0.40$	阳光控制镀膜玻璃、具有遮蔽功能 Low-E 玻璃	夏热冬冷地区 夏热冬暖地区 严寒地区
Ⅲ	$0.25 < S_e \leqslant 0.60$	着色玻璃、阳光控制镀膜玻璃、具有遮蔽功能的 Low-E 玻璃	夏热冬冷地区 寒冷地区 严寒地区
Ⅳ	$0.25 < S_e \leqslant 0.80$	着色玻璃、阳光控制镀膜玻璃、Low-E 玻璃	寒冷地区 严寒地区

常用建筑的门窗的保温性能　　　　　　　表 1-7-6

窗种类	传热系数 [W/(m²·K)]	备 注
铝合金窗	6.0～6.7	单层玻璃
塑料窗	4.3～5.7	单层玻璃
铝合金窗	3.8～4.5	普通中空玻璃
塑料窗	3.5～3.2	普通中空玻璃
铝合金隔热窗	3.0～3.4	普通中空隔热型材
铝合金隔热窗	2.1～2.8	Low-E 中空玻璃、隔热型材
玻璃钢节能窗	2.3～2.7	普通中空玻璃
玻璃钢节能窗	1.4～2.1	型材有隔热措施、单层 Low-E 中空玻璃

中空玻璃的节能效果与两片玻璃间的空腔间隙有关，内腔间距大到没有出现气体对流时，内腔间距越大隔热性能越好。内腔间距离以 12～15mm 效果为最佳。

节能门窗当前主要有塑钢门窗、铝合金（断热）门窗、玻璃钢门窗，其性能见表 1-7-6。

4. 提高门窗气密性防止热量渗漏的措施

1.7 节能门窗应用技术

建筑外门窗是建筑外围护结构中具有多种功能的构件，通风换气是它的主要功能之一，民用居住建筑是靠门窗进行通风换气的，这样就必须有开启扇和开启缝隙，此外，门窗构件是由各种构件拼装而成的，所以还有拼装缝隙。

在实际使用中开启及拼装缝隙都会引起空气渗透造成能源的浪费。因此，在《建筑外窗保温性能分级及检测》（GB/T 8484—2002）和《建筑外窗气密性能分级及检测方法》（GB/T 7107—2000）中对气密性能都列为控制门窗保温性能的要求之一。

提高门窗气密性能的主要措施：

（1）合理选择窗型减少不必要的缝隙。在满足换气要求的前提下，尽量减少开启扇。另外，尽可能不采用推拉窗窗型。推拉窗的活动缝隙虽然采用毛条密封，但其效果低于平开窗。

（2）提高型材规格尺寸和组装制作的精度，保证框和扇之间应有的搭接量，平开窗一般不得小于 6mm，并且四周要均匀。

（3）增加密封道数并选用优质密封橡胶条。密封条应选用三元乙丙橡胶为原料的胶条。

（4）合理选用五金件。最好选用多锁点的五金件。

5. 其他应该注意改善的问题

（1）在居住建筑设计中，应注意玻璃与墙面积的比例：

一般来讲，墙上玻璃面积占 15％最理想，占 15％～35％良好，占 35％～70％就很差，应该尽量避免超过 70％。中低档居住建筑玻璃面积就更应该进行控制。

（2）为了减少玻璃窗的散热损失，应该采用双层玻璃乃至三层玻璃。

中高档居住建筑应在成本允许的条件下予以积极地采用中空玻璃、吸热玻璃、热反射玻璃等良好的保温隔热玻璃制品。

（3）提高门窗制作及安装质量，减少冷风渗透。户门和阳台门应选用填充聚苯板或岩棉板的门，并与防火、防水要求相结合。

（4）在窗户外使用遮篷或太阳隔板，可以减少太阳辐射，平和风速；窗内安装遮光帘可以减少太阳辐射。这些可以显著减少门窗热损耗。

1.7.2 保温节能门窗安装技术

1. 施工工艺

一般门窗安装工程有带安装副框和无副框两种工艺。为了兼顾门窗洞口墙体保温施工和门窗安装质量，如果工程条件允许应尽量采用有副框安装。

（1）建筑门窗无副框安装（湿法作业）工艺流程如下：

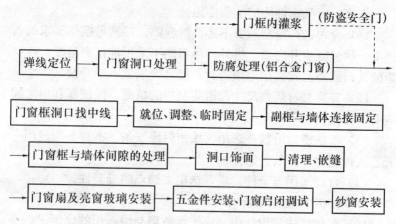

（2）建筑门窗带副框安装工艺流程（此程序不适用于户门、单元门）如下：

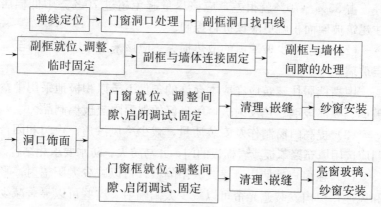

(3) 副框的安装工艺流程与湿法作业中门窗外框安装工艺流程相同。

(4) 副框固定后,洞口内外侧与副框槽口用水泥砂浆等抹平,当外侧抹灰时应用片材将抹灰层与门窗框临时隔开,其厚度为5mm,待外抹灰层硬化后,撤去片材,预留出宽度为5mm、深度为6mm的防雨水槽,待门窗固定后,用中性硅酮密封胶密封门窗外框边缘与副框间隙及防雨水槽处,密封宽度自窗框边缘至防雨水槽处。

(5) 副框安装尺寸允许偏差见表1-7-7。

副框安装尺寸允许偏差及要求　　　　表 1-7-7

序号	项目		允许偏差及要求
1	副框槽口宽度、高度	≤1500	0～+2.0
		>1500	0～+3.0
2	对角线之差	≤2000	≤3.0
		>2000	≤5.0
3	下框水平度		2.0
4	正面、侧面垂直度		2.0
5	副框与墙体的连接须牢固、可靠		须牢固、可靠
6	弹性填充		均匀,不得有间隙

(6) 建筑门窗外框与副框连接宜采用软连接形式,也可采用紧固件连接方法,但四周间隙应适当调整,其间隙值可参照表1-7-8的要求:

建筑门窗外框与副框间隙表(mm)　　　　表 1-7-8

序号	项目名称	技术要求
1	左、右间隙值(两侧)	4～6
2	上、下间隙值(两侧)	3～5

注:建筑门窗宽度、高度大于1500mm时,应按门窗材料的热膨胀系数调整间隙值。

(7) 铝合金门窗安装采用钢副框时,应采取绝缘措施。在门窗安装过程中,相邻的上、下、左、右洞口应横平竖直,保持同一垂直或水平线。洞口宽度与高度尺寸偏差符合表 1-7-9 的规定。

洞口宽度与高度尺寸允许偏差（mm）　　　表 1-7-9

墙体表面 \ 洞口宽度或高度	<2400	2400~4800	>4800
未粉刷墙面	±10	±15	±20
已粉刷墙面	±5	±10	±15

门窗的洞口防水处理：在按常规施工过程中对洞口抹灰进行处理,应用防水砂浆,尤其对门窗洞口下部及两侧 1/4 高度处进行防水处理。

2. 门窗安装应注意的问题

（1）应特别注意防止低层门窗放到高层,高层的门窗放到低层。以避免高层门窗抗风压性能不足,低层门窗抗风压性能过剩。

（2）安装方法选择与要求：门窗一般采用固定件安装和直连法安装两种固定方法。带副框安装的门窗都采用直连法安装,副框与墙体固定一般采用 M8×60mm 塑料膨胀螺钉。塑料膨胀螺钉离副框四个角为 100~150mm,两螺钉间距不能超过 600mm。副框与门窗主框相连采用 M8 的自攻螺钉,自攻螺钉位置应距窗角、中竖框、中横框 150~200mm,两螺钉间距应不大于 600mm,高层建筑应不大于 500mm。采用固定件安装时,固定件的位置与门窗主框墙体连接相同。

（3）窗框安装固定时应按设计图纸或甲方要求确定窗框在洞口厚度方向的安装位置,如图 1-7-2。其允许偏差符合门窗安装质量要求。

（4）门的安装应注意与地面施工配合,一般在地面工程施工前进行,依据图纸及门扇开启方向,确定门框的安装位置。安装无下框平开门应使两边框的下脚低于地面标高 30mm,带下框的

1.7 节能门窗应用技术

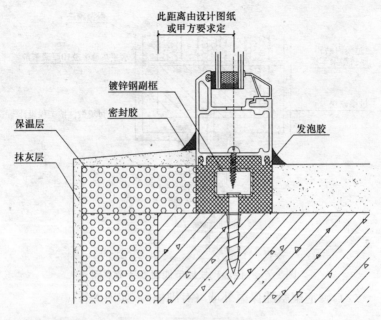

图 1-7-2 窗框安装要求

平开门或推拉门下框底部应低于地面标高 10mm。安装连窗门时，一般采用拼管拼接，铝合金门窗、玻璃钢门窗有专用的拼接件。无论是否采用拼管拼接都应将上、下门框、窗框牢固地固定在上、下楼板或墙体上。

（5）门窗洞口与门窗框或副框之间安装缝隙，必须采用聚氨酯发泡材料堵塞，缝隙应充满；采用副框安装时，副框与门窗框之间的缝隙同样采用聚氨酯发泡材料填充。

（6）一般节能保温窗为平开窗，安装门窗扇时应对安装铰链和锁块特别注意，锁块位置是否与传动器锁点匹配、铰链部分密封胶条是否有损坏。安装完毕后要仔细检查框扇搭接量是否在设计范围内，四周是否均匀；推拉门窗，框扇搭接是否均匀，毛条、密封胶条质量尤为重要。

3. 保温节能窗安装节点做法

（1）保温砌块外墙（无副框），如图 1-7-3。

1. 围护结构节能技术

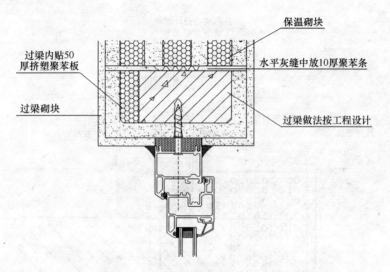

图 1-7-3 保温砌块墙节能窗安装节点图

(2) 硬泡聚氨酯保温外墙（有副框），如图 1-7-4。

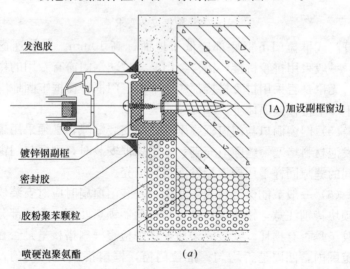

图 1-7-4 硬泡聚氨酯保温外墙（有副框）节能窗安装节点图（一）
(a) 窗立墙中

1.7 节能门窗应用技术

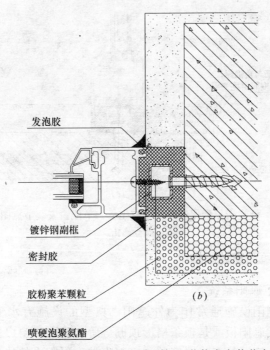

图 1-7-4 硬泡聚氨酯保温外墙（有副框）节能窗安装节点图（二）
(b) 窗立墙边

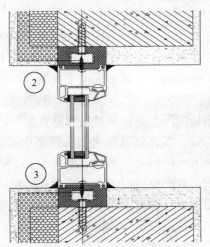

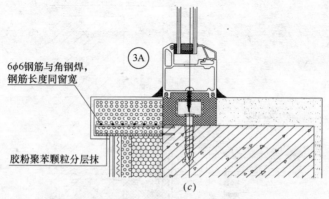

(c)

图 1-7-4 硬泡聚氨酯保温外墙(有副框)节能窗安装节点图(三)
(c) 窗立墙边

1.7.3 建筑门窗遮阳技术

1. 固定遮阳系统

固定遮阳设施通常作为外遮阳。典型的设施有水平式遮阳板、垂直式遮阳板或是板条格形顶棚等等。隐藏式窗户也是一种固定遮阳设施。具有构造简单和可以阻挡直射阳光的特点,但是在阻挡散射和反射光上不是很有效。

水平式遮阳板是一种最常见的固定遮阳设施,并且是用于控制太阳高度角比较大的直射太阳辐射的最简单的设施。在北半球,它主要被用在南向立面上。在比较低的纬度上,它倾向于被用在东向和西向的立面上。遮阳板经常被做成百叶来使空气能够自由通过立面。

综合式遮阳板实际上是水平遮阳和垂直遮阳的组合,可据窗口朝向的方位而定,能有效遮挡太阳高度角中等的直射太阳光,从窗口前方斜射下来的阳光,遮阳效果均匀,主要适用于东南或西南向窗口遮阳,其次也适用于东北或西北向窗口遮阳。

挡板式遮阳板,这种遮阳特别利于遮挡平射过来的阳光,适用于东向、西向或接近该朝向的窗户。

立面花格式遮阳结构,仿佛花墙洞、漏窗一般,即可装饰又可遮阳。

2. 可调节遮阳系统

可调节遮阳设施经常被使用在室内,也能应用于室外。尤其在处理低角度的直射、散射和反射光时非常有效。它能够使室内照度不过多地降低,能适应大部分地区的气候。

3. 外遮阳卷帘

外遮阳卷帘在遮阳效率上远高于内遮阳,而且兼具防护功能,是国内建筑外遮阳防护的新潮流。

4. 植物遮阳系统

在建筑附近或立面种植树木、攀爬植物、灌木和一些建筑结构如藤架、梁,能够帮助调节微气候。减少对内遮阳和外遮阳的需求不仅可以遮挡窗口、其他洞口,还可以遮挡整个立面。

5. 高级玻璃遮阳系统

公共建筑的室内得热很高,除了受到室内办公设备和人员的影响外,太阳辐射对于室内冷负荷起到了相当大的影响。太阳辐射中的直射部分比散射部分起到更大的作用。由于太阳直射到达玻璃和洞口时,将热量直接传递给室内,即形成了瞬时冷负荷。又由于太阳辐射的直射部分是直线运动的,所以它能被外遮阳设施有效地阻挡。对于散射和反射部分,由于他们的入射角度的范围很广,所以很难由外遮阳控制,可能由内遮阳或是软百叶帘设施控制会更有效。然而,内遮阳阻挡室内得热的有效性是很有限的。

1.8 楼地面保温隔热技术

1.8.1 楼地面保温隔热设计要求

1. 居住建筑的楼地面的热工性能指标

(1) 严寒与寒冷地区

严寒与寒冷地区居住建筑地板与地面的传热系数限值 K 不

是采用一个规定值,而是以采暖期室外平均温度划分为15个区段确定不同城市采暖居住建筑地板和地面的传热系数限值K。目前,有的城市和省区,已开始实施建筑节能65%标准,又有新的规定。所以,应以本地区现行的居住建筑节能设计标准规定的指标为依据。

(2) 夏热冬冷地区

夏热冬冷地区居住建筑楼地面的传热系数限值K见表1-8-1。

夏热冬冷地区居住建筑楼地面的传热系数限值K　　表1-8-1

上下为居室的层间楼板	$K \leqslant 2.0 \text{W}/(\text{m}^2 \cdot \text{K})$
底部自然通风的架空楼板	$K \leqslant 1.5 \text{W}/(\text{m}^2 \cdot \text{K})$

2. 公共建筑楼地面的热工性能指标

不同气候地区公共建筑的底面接触室外空气的架空或外挑楼板,和非采暖房间与采暖房间楼板的传热系数限值K,详见《公共建筑节能设计标准》(GB 50189—2005)。

实施建筑节能65%地区的公共建筑楼地面的热工性能指标,应以该地区现行规定的指标为依据。

3. 楼地面面层的热工设计措施

(1) 采暖楼地面面层的热工设计措施

采暖楼地面的保温设计,除应按本地区建筑节能设计标准的规定使其传热系数K符合限值外,尚应从人们的健康与舒适出发,计算地面的吸热系数$\beta [\text{W}/(\text{m}^2 \cdot \text{h}^{1/2} \cdot \text{K})]$值,一般按下式计算:

$$\beta = \sqrt{\lambda \rho C} \qquad (1\text{-}8\text{-}1)$$

式中　λ——楼地面面层材料的导热系数[W(m·K)];

　　　ρ——楼地面面层材料的密度(kg/m³);

　　　C——楼地面面层材料的比热容[W·h/(kg·K)]。

不同类型采暖楼地面的吸热系数β值,应符合表1-8-2的规定。

不同类型采暖楼地面的吸热系数 β 值　　表 1-8-2

采暖建筑类型	β [W/(m² · h^{1/2} · K)]
高级居住建筑、幼儿园、托儿所、疗养院等	<17
一般居住建筑、办公楼、学校等	17~23
临时逗留用房及室温高于 23℃ 的采暖用房	<23

（2）公共建筑地面的热工设计措施

公共建筑的底层地面热工设计指标是以地面的热阻表征，地面的热阻是建筑基础持力层以上各层材料的热阻之和。计算结果表明，当持力层为密实的土壤时，持力层以上土层厚度大于1.8m 即可。但从提高地面的保温和防潮性能考虑，最好是在地面的垫层中采用一定厚度的保温材料（如炉渣等）作垫层。

（3）地面的防潮设计措施

夏热冬冷和夏热冬暖地区的居住建筑底层地面，在每年的梅雨季节都会由于湿热空气的差迟而产生地面凝结，特别是夏热冬暖地区更为突出。底层地板的热工设计除热特性外，还必须同时考虑防潮问题。防潮设计措施有：

①地面构造层有较大的热阻（不少于外墙热阻的 1/2），以减少向基层的传热；

②表面层材料的导热系数要小，使地表面温度易于紧随室内空气温度变化；

③表面材料有较强的吸湿性，具有对表面水分的"吞吐"作用；

④采用空气层防潮技术，勒脚处的通风口应设置活动遮挡板；

⑤当采用空铺实木地板或胶结强化木地板作面层时，下面的垫层应有防潮层。

1.8.2　楼地面节能技术措施

1. 楼板的节能技术

楼板分层间楼板（底面不接触室外空气）和底面接触室外空

1. 围护结构节能技术

气的架空或外挑楼板（底部自然通风的架空楼板），传热系数 K 有不同的规定。保温层可直接设置在楼板上表面（正置法）或楼板底面（反置法），也可采取铺设木格栅（空铺）或无木格栅的实铺木地板。

保温层在楼板上面的正置法，可采用铺设硬质挤塑聚苯板、泡沫玻璃保温板等板材或强度符合地面要求的保温砂浆等材料，其厚度应满足建筑节能设计文件的要求。

保温层在楼板底面的反置法，可如同外墙外保温作法一样，采用符合国家、行业标准的保温浆体或板材外保温系统。

底面接触室外空气的架空或外挑楼板宜采用反置法的外保温系统。

铺设木格栅的空铺木地板，宜在木格栅间嵌填板状保温材料，使楼板层的保温和隔声性能更好。

2. 底层地面的节能技术

底层地面的保温、防热及防潮措施应根据地区的气候条件，结合建筑节能设计标准的规定采取不同的节能技术。

寒冷地区采暖建筑的地面应以保温为主，在持力层以上土壤层的热阻已符合地面热阻规定值的条件下，最好在地面面层下铺设适当厚度的板状保温材料，进一步提高地面的保温和防潮性能。

夏热冬冷地区应兼顾冬天采暖时的保温和夏天制冷时的防热、防潮，也宜在地面面层下铺设适当厚度的板状保温材料提高地面的保温及防热、防潮性能。

夏热冬暖地区应以防潮为主，宜在地面面层下铺设适当厚度保温层或设置架空通风道以提高地面的防热、防潮性能。

3. 地面辐射采暖技术

地面辐射采暖在我国寒冷和夏热冬冷地区已推广应用，深受用户欢迎。

地面辐射采暖技术的设计、材料、施工及其检验、调试及验收，应符合《地面辐射供暖技术规程》(JGJ 142—2004)的规定。

为提高地面辐射采暖技术的热效率，不宜将热管铺设在有木格栅的空气间层中，地板面层也不宜采用有木格栅的木地板。合理而有效的构造作法是将热管埋设在导热系数 λ 较大的密实材料中，面层材料宜直接铺设在埋有热管的基层上。

不能直接采用低温（水媒）地面辐射采暖技术在夏季通入冷水降温，必须有完善的通风除湿技术配合，并严格控制地面温度使其高于室内空气露点温度，否则会形成地面大面积结露。

1.8.3　典型楼地面的热工性能参数

1. 楼层地面的热工性能参数，见表 1-8-3。
2. 底部自然通风楼地板的热工性能参数，见表 1-8-4。
3. 低温（水媒）辐射采暖地板的热工性能参数，见表 1-8-5。

1.8.4　低温热水地板辐射采暖施工技术

地面辐射采暖系统是采用低温热水形式供热，以不高于 60℃ 的热水作为热媒。将加热管设于地板中，热水在管内循环流动，加热地板，通过地面以辐射和对流的传热方式向室内供热。该系统具有不影响室内观感和不占用室内使用面积及空间，并可以分室调节温度，便于用户计量的优点。

1. 低温热水地板辐射采暖系统结构

低温热水地板辐射采暖系统构造形式，如图 1-8-1 和图 1-8-2。

2. 加热管材料要求

铺设于地板中的加热管，应根据耐用年限要求、使用条件等级、热媒温度和工作压力、系统水层要求、材料供应条件、施工技术条件和投资费用等因素，可选择采用以下管材：

（1）交联铝塑复合（XPAP）管，内层和外层密度为不小于 $0.940g/cm^3$ 的交联聚乙烯，中间层为增强铝管，层间用热熔胶紧密粘合为一体的管材。

1. 围护结构节能技术

表 1-8-3 楼层地面的热工性能参数

简 图	基本构造（由上至下）	厚度 δ (mm)	干密度 ρ_0 (kg/m³)	导热系数 λ [W/(m·K)]	修正系数 α	传热阻 R_0 [(m²·K)/W]	传热系数 K [W/(m²·K)]
	1. C20 细石混凝土	30	2300	1.51	1.0	0.57	1.78
	2. 现浇钢筋混凝土楼板	100	2500	1.74	1.0		
	3. 保温砂浆	20	300	0.06	1.3		
	4. 抗裂石膏（网格布）	5	1050	0.33	1.0		
	5. 柔性腻子						
	1. C20 细石混凝土	30	2300	1.51	1.0	0.55	1.82
	2. 现浇钢筋混凝土楼板	100	2500	1.74	1.0		
	3. 聚苯颗粒保温浆料	20	230	0.06	1.3		
	4. 抗裂石膏（网格布）	5	1800	0.93	1.0		
	5. 柔性腻子						

1.8 楼地面保温隔热技术

续表

简图	基本构造（由上至下）	厚度 δ (mm)	干密度 ρ_0 (kg/m³)	导热系数 λ [W/(m·K)]	修正系数 α	传热阻 R_0 [(m²·K)/W]	传热系数 K [W/(m²·K)]
	1. 实木地板	12	700	0.17	1.0	0.72	1.39
	2. 细木工板	15	300	0.093	1.0		
	3. 30×40 杉木格栅@400	40	500	0.14	1.0		
	4. 水泥砂浆	20	1800	0.93	1.0		
	5. 现浇钢筋混凝土楼板	100	2500	1.74	1.0		
	1. 实木地板	18	700	0.17	1.0	0.60	1.68
	2. 30×40 杉木格栅@400	40	500	0.14	1.0		
	3. 水泥砂浆	20	1800	0.93	1.0		
	4. 现浇钢筋混凝土楼板	100	2500	1.74	1.0		

1. 围护结构节能技术

续表

简图	基本构造（由上至下）	厚度 δ (mm)	干密度 ρ_0 (kg/m³)	导热系数 λ [W/(m·K)]	修正系数 α	传热阻 R_0 [(m²·K)/W]	传热系数 K [W/(m²·K)]
	1. 水泥砂浆找平层	20	1800	0.93	1.0		
	2. 上保温层						
	①高强度珍珠岩板	40	400	0.12	1.3	0.67	1.49
	②乳化沥青珍珠岩板	40	400	0.12	1.3	0.67	1.49
	③复合硅酸盐	30	192	0.06	1.3	0.71	1.41
	3. 水泥砂浆找平及粘结层	20	1800	0.93	1.0		
	4. 现浇混凝土楼板	120	2500	1.74	1.0		
	5. 保温砂浆抹灰	20	600	0.15	1.0		

1.8 楼地面保温隔热技术

表 1-8-4 底部自然通风楼地板的热工性能参数

简图	基本构造（由上至下）	厚度 δ (mm)	干密度 ρ_0 (kg/m³)	导热系数 λ [W/(m·K)]	修正系数 α	传热阻 R_0 [(m²·K)/W]	传热系数 K [W/(m²·K)]
	1. C20 细石混凝土	30	2300	1.51	1.0	0.77	1.30
	2. 现浇钢筋混凝土楼板	100	2500	1.74	1.0		
	胶粘剂						
	3.①挤塑聚苯板	20	28	0.030	1.2		
	②挤塑聚苯板	25	28	0.030	1.2	0.92	1.09
	4. 聚合物砂浆（网格布）	3	1800	0.93	1.0		
	高弹涂料						
	1. C20 细石混凝土	30	2300	1.51	1.0	0.70	1.43
	2. 现浇钢筋混凝土楼板	100	2500	1.74	1.0		
	胶粘剂						
	3.①膨胀聚苯板	25	20	0.042	1.2		
	②膨胀聚苯板	30	20	0.042	1.2	0.81	1.24
	4. 聚合物砂浆（网格布）	3	1800	1.0	1.0		
	高弹涂料						

103

1. 围护结构节能技术

续表

简图	基本构造（由上至下）	厚度 δ (mm)	干密度 ρ_0 (kg/m³)	导热系数 λ [W/(m·K)]	修正系数 α	传热阻 R_0 [(m²·K)/W]	传热系数 K [W/(m²·K)]
	1. 实木地板	18	700	0.17	1.0	0.92	1.09
	2. 矿（岩）棉或玻璃棉板 30×40 杉木格栅@400	30 40	100	0.14	1.3		
	3. 水泥砂浆	20	1800	0.93	1.0		
	4. 现浇钢筋混凝土楼板	100	2500	1.74	1.0		
	1. 实木地板	12	700	0.17	1.0	1.05	0.95
	2. 细木工板	15	300	0.093	1.0		
	3. 矿（岩）棉或玻璃棉板 30×40 杉木格栅@400	30 40	100	0.14	1.3		
	4. 水泥砂浆	20	1800	0.93	1.0		
	5. 现浇钢筋混凝土楼板	100	2500	1.74	1.0		

1.8 楼地面保温隔热技术

低温（水媒）辐射采暖地板（主体部位）的热工性能参数   表 1-8-5

构造简图	层次及材料	厚度 δ (mm)	干密度 ρ_0 (kg/m³)	计算导热系数 λ_c [W/(m·K)]	传热阻 R_0 [(m²·K)/W]	传热系数 K [W/(m²·K)]
构造简图（1-5层示意）	1. 水泥砂浆找平层	20	1800	0.93	0.67	1.49
	2. 钢筋网 C15 细石混凝土	40	2500	1.74		
	3. 埋于细石混凝土层中的循环加热管	塑料管径为 ϕ20，按设计要求排管和固定				
	4. 聚苯板（EPS）	30	25	0.06		
	5. 防水层（一毡二油）	4				
回旋式埋管 管距设计计算确定	6. 水泥砂浆找平层	20	1800	0.93		
	7. 钢筋混凝土楼板	120	2500	1.74		
	8. 水泥砂浆抹灰	20	1800	0.93		

注：
1. 本表所列构造作法适用于上铺磁砖、磁花岗或复合成木地板面的楼地面。
2. 聚苯板铺至外端边处应沿墙上铺50mm。
3. 本表所列 R_0 及 K 值是指包括聚苯板在内的以下各层及边界层的热工性能指标。
4. 本表所列构造作法也适用于底层地面，如用于底层地面，钢筋混凝土楼板应改为底层地面的垫层（一般为混凝土）。
5. 如上下层为同一住户，可不用设置表中的4层、5层。

1. 围护结构节能技术

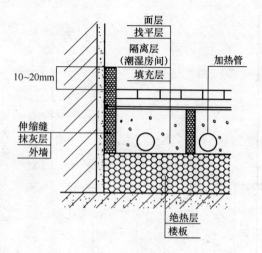

图 1-8-1 楼层地面构造示意图

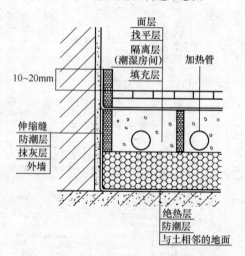

图 1-8-2 与土相邻的地面构造示意图

交联铝塑复合管管材的一般物理力学性能：①密度：不小于 $0.940g/cm^3$（交联聚乙烯层）；②纵向长度回缩率：不大于 2%；③蠕变特性及检测点液体压力：2.2MPa，95℃，10h；④交联度：不小于 65%（硅烷交联）；⑤断裂延伸率：不小于 350%

(23 ± 1℃)；⑥导热系数：不小于 0.45W/(m·K)；⑦线膨胀系数：0.025mm/(m·K)；⑧铝层：抗拉屈服强度不小于 100MPa，断裂延伸率应不小于 20%；⑨胶粘层：专用热熔胶密度不小于 0.926g/cm³，熔融指数不小于 1g/10min，断裂伸应不小于 400%，丁剥离强度不小于 70N/45mm；⑩设计许用应力及壁厚选择，可按交联聚乙烯（PE-X）管。

（2）聚丁烯（PB）管，是由聚丁烯-1 树脂添加适量助剂，经挤出成型的热塑性管材。

聚丁烯管管材的一般物理力学性能：①密度：不小于 0.920g/cm³；②纵向长度回缩率：不大于 2%；③热稳定性试验：环应力 2.4MPa、110℃热空气中 8760h 无破坏或泄漏；④蠕变特性及检测点：环应力 15.5MPa，20℃，不小于 1h；环应力 6.0MPa，95℃，不小于 1000h；⑤维卡软化点：113℃；⑥抗拉屈服强度：不小于 17MPa（23 ± 1℃）；⑦断裂延伸率：不小于 280%（23 ± 1℃）；⑧导热系数：0.33W/(m·K)；⑨线膨胀系数：0.130mm/(m·K)；⑩在使用条件下分级：5级条件下：σ_Δ=4.31MPa，见表 1-8-6 和图 1-8-3。

聚丁烯（PB）管选择　　　　　　表 1-8-6

系统工作压力 P_D（MPa）		0.4	0.6	0.8	1.0
管材的 $S_{calc,max}$ 值		10.9	7.2	5.4	4.3
应选的管材系列		S10	S6.3	S5	S4
管材应选的最小壁厚（mm）					
管材公称外径（mm）	16	1.3	1.3	1.5	1.8
	20	1.3	1.5	1.9	2.3
	25	1.3	1.9	2.3	2.8

注：考虑管材生产和施工过程可能产生的缺陷，采用壁厚不宜小于 2mm。

（3）交联聚乙烯（PE-X）管，以密度不小于 0.94g/cm³ 的聚乙烯或乙烯共聚物，添加适量助剂，通过化学或物理方法，使其线型的大分子交联成三维网状的大分子结构，由此种材料制成的管材。

管材公称外径(mm)	D(mm)
16	25
20	30
25	24

图 1-8-3 带套管的聚丁烯盘管外行及尺寸

交联聚乙烯管管材的一般物理力学性能：①密度：不小于 $0.940g/cm^3$；②纵向长度向缩率：不大于 2％；③蠕变特性及检测点：环应力 12.0MPa，20℃，大于 1h；环应力 4.4MPa，95℃，大于 1000h；④交联度：不小于 65％（硅烷交联）；⑤维卡软化点：123℃；⑥抗拉屈服强度：不小于 17MPa（23±1℃）；⑦断裂延伸率：不小于 400％（23±1℃）；⑧导热系数：0.41W/(m·K)；⑨线膨胀系数：0.200mm/(m·K)；⑩在使用条件下分级：5 级条件下，$\sigma_\Delta=3.24$MPa，见表 1-8-7。

交联聚乙烯（PE-X）管选择　　　　　表 1-8-7

系统工作压力 P_D（MPa）	0.4	0.6	0.8	1.0
管材的 $S_{calc,max}$ 值	7.6	5.4	4.0	3.2
应选的管材系列	S6.3	S4	S4	S3.2
管材应选的最小壁厚（mm）				
管材公称外径（mm） 16	1.3	1.5	1.8	2.2
20	1.5	1.9	2.3	2.8
25	1.9	2.3	2.8	3.5

注：考虑管材生产和施工过程可能产生的缺陷，采用壁厚不宜小于 2mm。

（4）无规共聚聚丙烯（PP-R）管，以丙烯和适量乙烯的无规共聚物，添加适量助剂，经挤出成型的热型性管材。

无规共聚聚丙烯管管材的一般物理力学性能：

①密度：≥$0.89\sim0.91g/cm^3$；②纵向长度回缩率：不大于 2％；③热稳定性试验：环应力 1.9MPa，110℃热空气中 8760h 无破坏或泄漏；④蠕变特性及检测点：环应力 16.5MPa，20℃，大于 1h；环应力 3.5MPa，95℃，大于 1000h；⑤维卡软化点：

140℃；⑥抗拉屈服强度：不小于 27MPa（23±1℃）；⑦断裂延伸率：不小于 700%（23±1℃）；⑧导热系数：0.37W/（m·K）；⑨线膨胀系数：0.180mm/（m·K）；⑩在使用条件下分级：5级条件下，σ_Δ=4.31MPa，见表1-8-8。

无规共聚聚丙烯（PP-R）管选择　　　　表 1-8-8

系统工作压力 P_D（MPa）		0.4	0.6	0.8	1.0
管材的 $S_{calc,max}$ 值		4.8	3.2	2.4	1.9
应选的管材系列		S3.2	S3.2	S2	无适合
管材应选的最小壁厚（mm）					
管材公称外径（mm）	16	2.2	2.2	3.3	—
	20	2.8	2.8	4.1	—
	25	3.5	3.5	5.1	—

注：考虑管材生产和施工过程可能产生的缺陷，采用壁厚不宜小于2mm。

3. 低温热水地板辐射采暖系统工程安装施工

施工前应核对管道坐标、标高、排列是否正确合理。并按照设计图纸，画出房间部位、管道分路、管径、甩口施工草图。

（1）材料要求

①管材：与其他供暖系统共用同一集中热源水系统，且其他供暖系统采用钢制散热器等易腐蚀的构件时，PB管、PE-X管和PP-R管宜有阻氧层，以有效防止渗入氧而加速对系统的氧化腐蚀。管材的外径、最小壁厚及允许偏差，应符合相关标准要求。

材料的外观质量，如管材和管件的颜色应一致，色泽均匀，无分解变色。管材的内外表面应光滑、清洁，不允许有分层、针孔、裂纹、气泡、起皮、痕纹和夹杂，但允许有轻微的、局部的、不使外径和壁厚超出允许偏差的划伤、凹坑、压入物和斑点等缺陷。轻微的矫直和车削痕迹、细划痕、氧化色、发暗、水迹和油迹，可不作为报废处理。

②管件：管件与螺纹连接部分配件的本体材料，应为锻造黄铜。使用PP-R管作为加热管时，与PP-R管直接接触的连接件

表面应镀镍。管件的外观应完整、无缺损、无变形、无开裂。管件的物理力学性能,应符合相关标准要求。管件的螺纹应完整,如有断丝和缺丝,不得大于螺纹全丝扣数的10%。

③绝热板材:绝热板材宜采用聚苯乙烯泡沫塑料,其物理性能应符合下列要求:密度不应小于$20kg/m^3$;导热系数不应大于$0.05W/(m·K)$;压缩应力不应小于100kPa;吸水率不应大于4%;氧指数不应小于32。

当采用其他绝热材料时,除密度外的其他物理性能应满足上述要求。

为增强绝热板材的整体强度,并便于安装和固定加热管,对绝热板材表面可分别做如下处理:敷有真空镀铝聚酯薄膜面层;敷有玻璃布基铝箔面层;铺设低碳钢丝网。

④材料检验:材料的抽样检验方法,应符合国家标准《逐批检查抽样程序及抽样表》(GB/T 2828)的规定。

(2) 施工工艺流程

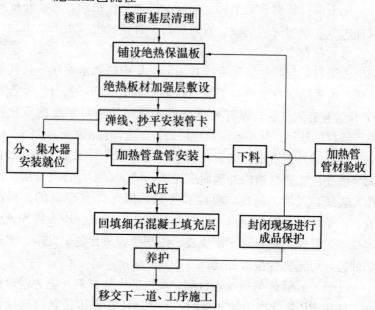

(3) 施工要点：

①楼地面基层清理：

A. 土建地面已施工完，各种基准线测放完毕。敷设管道的防水层、防潮层、绝热层已完成，并已清理干净。

B. 凡采用地板辐射采暖的工程在楼地面施工时，必须严格控制表面的平整度，仔细压抹，其平整度允许误差应符合混凝土或砂浆地面要求。在保温板铺设前应清除楼地面上的垃圾、浮灰、附着物，特别是油漆、涂料、油污等有机物必须清除干净。

②绝热板材铺设：

A. 房间周围边墙、柱的交接处应设绝热板保温带，其高度要高于细石混凝土回填层。

B. 绝热板应清洁、无破损，在楼地面铺设平整、搭接严密。绝热板拼接紧凑，间隙为10mm，错缝铺设，板接缝处全部用胶带粘接，胶带宽40mm。

C. 房间面积过大时，以6000mm×6000mm为方格留伸缩缝，缝宽10mm。伸缩缝处，用厚度10mm绝热板立放，高度与细石混凝土层平齐。

③绝热板材加固层的施工（以低碳钢丝网为例）：

A. 钢丝网规格为方格不大于200mm，在采暖房间满布，拼接处应绑扎连接。

B. 钢丝网在伸缩缝处不能断开，铺设应平整，无锐刺及翘起的边角。

④加热盘管敷设：

A. 加热盘管在钢丝网上面敷设，管长应根据工程上各回路长度酌情定尺寸，一个回路尽可能用一盘整管，应最大限度地减小材料损耗。填充层内不许有接头。

B. 按设计图纸要求，事先将管的轴线位置用墨线弹在绝热板上，抄标高、设置管卡，按管的弯曲半径不小于$10D$（D指管外径）计算管的下料长度，其尺寸偏差控制在±5%以内。必须用专用剪刀切割，管口应垂直于断面处的管轴线。严禁用电、气焊、手工锯等工具分割加热盘管。

C. 按测出的轴线及标高垫好管卡，用尼龙扎带将加热管绑扎在绝热板加强层钢丝网上，或者用固定管卡将加热管直接固定在敷有复合面层的绝热板上。同一通路的加热管应保持水平，确保管顶平整度为±5mm。

D. 加热管固定点的间距，弯头处间距不大于300mm，直线段间距不大于600mm。

E. 在过门、过伸缩缝、过沉降缝时，应加装套管，套管长度不小于150mm。套管比盘管大两号，内填保温边角余料。

⑤分、集水器安装：

A. 分、集水器安装可在加热管敷设前安装，也可在敷设管道回填细石混凝土后与阀门、水表一起安装。安装必须平直、牢固，在细石混凝土回填前安装需做水压试验。

B. 当水平安装时，一般宜将分水器安装在上，集水器安装在下，中心距为200mm，且集水器中心距地面不小于300mm。

C. 当垂直安装时，分、集水器下端距地面应不小于150mm。

D. 加热管始末端出地面至连接配件的管段，应设置在硬质套管内。加热管与分、集水器分路阀门的连接，应采用专用卡套式连接件或插接式连接件。

⑥细石混凝土层施工：

A. 在加热管系统试压合格后方能进行细石混凝土层回填施工。细石混凝土层施工应遵循土建工程施工规定，选用体积收缩稳定性好的配合比。建议强度等级应不小于C15，卵石粒径宜不大于12mm，并宜掺入适量防止龟裂的添加剂。

B. 浇筑细石混凝土前，在过门、过沉降缝处、过分格缝部位宜嵌双玻璃条分格（玻璃条用3mm玻璃裁划，比细石混凝土面低1~2mm），其安装方法同水磨石嵌条。

C. 细石混凝土在盘管加压（工作压力或试验压力不小于0.4MPa）状态下浇筑，回填层凝固后方可泄压，填充时应轻轻捣固，浇筑时不得在盘管上行走、踩踏，不得有尖锐物件损伤盘管和保温层，要防止盘管上浮，应小心下料、拍实、找平。

D. 细石混凝土接近初凝时，应在表面进行二次拍实、压抹，以防止顺管轴线出现塑性沉缩裂缝。表面压抹后应保湿养护14d以上。

⑦检验：

A. 中间验收：地板辐射采暖系统，应根据工程施工特点进行中间验收。中间验收过程，从加热管道敷设和热媒分、集水器装置安装完毕，进行试压起至混凝土填充层养护期满再次进行试压止，由施工单位会同监理单位进行。

B. 水压试验：浇捣混凝土填充层之前和混凝土填充层养护期满之后，应分别进行系统水压试验。水压试验应符合下列要求：水压试验之前，应对试压管道和构件采取安全有效地固定和养护措施；试验压力应为不小于系统静压加 0.3MPa，但不得低于 0.6MPa；冬季进行水压试验时，应采取可靠的防冻措施。

水压试验应按下列步骤进行：经分水器缓慢注水，同时将管道内空气排出；充满水后，进行水密性检查；采用手动泵缓慢升压，升压时间不得少于 15min；升压至规定试验压力后，停止加压 1h，观察有无漏水现象；稳压 1h 后，补压至规定试验压力值，15min 内的压力降不超过 0.05MPa、无渗漏为合格。

⑧调试：

A. 系统调试条件：供回水管全部水压试验完毕、符合标准；管道上的阀门、过滤器、水表经检查确认安装的方向和位置均正确，阀门启闭灵活；水泵进出口压力表、温度计安装完毕。

B. 系统调试：热源引进到机房通过恒温罐及采暖水泵向系统管网供水。调试阶段系统供热温度在 25～30℃ 范围内运行24h，然后缓慢逐步提升，每 24h 提升不超过 5℃，在 38℃ 恒定一段时间，随着室外温度不断降低再逐步升温，直至达到设计水温，并调节每一通路水温达到正常范围。

(4) 竣工验收

1. 围护结构节能技术

竣工质量符合设计要求和施工验收规范的有关规定；填充层表面不应有明显裂缝；管道和构件无渗漏；阀门开启灵活、关闭严密。这样方可通过竣工验收。

质量验收要点：

①地面下敷设的盘管埋地部分不应有接头。

②盘管隐蔽前必须进行水压试验，试验压力为工作压力的1.5倍，但不小于0.6MPa。

③加热盘管弯曲部分不得出现硬折弯现象，曲率半径应符合塑料管不应小于管道外径的8倍和复合管不应小于管道外径的5倍的规定。

④水表、过滤器、排气阀及截止阀或球阀的型号、规格、公称压力及安装位置应符合设计要求。

⑤分、集水器装置的安装及分户热计量系统入户装置，应符合设计要求。安装位置应便于检修、维护和观察。

⑥加热管始末端出地面至连接配件的管段，应设置在硬质套管内。加热管与分、集水器装置的连接，应采用专用卡套式连接件或插接式连接件。

⑦加热盘管管径、间距和长度应符合设计要求，间距偏差不大于±10mm。

⑧同一通路的加热管应保持水平，管顶平整度控制在±5mm内。

⑨填充层强度等级应符合设计要求。

⑩混凝土填充层在浇捣和养护过程中，系统应保持不小于0.4MPa的余压。

⑪加热管与分、集水器装置牢固连接后，或在填充层养护期后，应对加热管每一通路逐一进行冲洗，至出水清为止。

⑫热管始末端的适当距离内或其他管道密度较大处，当管间距不大于100mm时，应采取保温措施。

⑬防潮层、防水层、隔热层及伸缩缝应符合设计要求。

1.9 节能建筑施工质量验收

1.9.1 建筑节能工程施工质量验收要求

建筑工程施工质量控制和竣工质量验收应遵守现行《建筑工程施工质量验收统一标准》(GB 50300)、《建筑节能工程施工质量验收规程》(GB 50411)和各专业工程施工质量验收规范的规定。

1.9.2 节能建筑检测与评估技术

节能型建筑检测与评估技术是对建筑物的节能状况进行评估，是衡量建筑物是否节能的一种方法和手段。如何衡量建筑物是否为节能型建筑，各地区使用的方法和评价指标是不同的。严寒和寒冷地区主要是对建筑物耗热量指标进行评定，它包括围护结构的传热耗热量、空气渗透耗热量和建筑物内部得热。对于建筑物本身而言，其围护结构的热工性能是衡量建筑物是否节能的标志，包括墙、屋顶、地面和外窗的传热系数。

夏热冬冷地区是以建筑物耗热量、耗冷量指标和采暖、空调年耗电量，来确定建筑物的节能综合指标，对于建筑物本身的热工性能是通过围护结构传热系数和热惰性指标（包括墙、屋顶和地面和外窗）来体现的，建筑物耗热量指标和耗冷量指标是直接反映节能型建筑物的能耗水平，围护结构传热系数和热惰性指标是间接反映节能型建筑物的能耗水平。

夏热冬暖地区可采用空调采暖年耗电指数，也可直接采用空调年耗电量确定建筑物节能综合指标，对于建筑物本身的热工性能是通过围护结构传热系数和热惰性指标（包括墙、屋顶和地面和外窗）来体现的。

根据测试结果进行计算和当地住宅节能设计标准进行评估，

也可用软件进行模拟计算。

　1. 测试方法和测试内容

　（1）严寒和寒冷地区

　①建筑物耗热量指标测试：在采暖稳定期，有效连续测试时间不少于7d。使用超声波热量计法测试，在被测楼供热管道入口处安装超声波热量计或将流量计直接安装在管道内，测试室内、外空气温度，供回水温度和流量，利用测试数据计算建筑物耗热量指标。

　②围护结构传热系数测试：建筑外窗的传热系数可采用厂家提供的检测部门的建筑外窗的传热系数的报告或根据公式进行计算；墙、屋顶和地面的传热系数测试可用热流计法和热箱法（RX-Ⅱ型传热系数检测仪）进行测试。

　　热流计法应在冬季最冷月进行测试，热流计的标定和使用按照《建筑用热流计》（JG/T 3016）和北京市标准《民用建筑节能现场检验标准》（DBJ/T 01—44—2000）。该方法受季节限制，可使用时间短。

　　热箱法可用冷热箱式传热系数检测仪进行测试，其中RX-Ⅱ型传热系数检测仪可自动采集、自动记录和计算；测试时间基本不受季节限制，除雨季外一年大部分时间均可测试，适合节能建筑的竣工测试和研究使用，热箱法的使用应符合北京市标准《民用建筑节能现场检验标准》（DBJ/T01—44—2000）。

　（2）夏热冬暖和夏热冬冷地区

　①建筑物耗热量指标和耗冷量指标测试：如果用建筑物空调采暖年耗热量指标按《夏热冬暖地区居住建筑节能设计标准》（JQ 75—2003）B法计算；也可直接采用空调年耗电量确定建筑物的节能综合指标。如果进行测试，则用空调采暖和制冷，测试室内、外空气温度、耗电量（耗电指数），计算建筑物耗热量和耗冷量。

　②围护结构传热系数测试：建筑外窗的传热系数、材料的热惰性指标可采用厂家提供的检测部门的建筑外窗的传热系数的报

告；外窗的综合遮阳系数可根据《夏热冬暖地区居住建筑节能设计标准》(JGJ 75—2003)的附录 A 进行计算；墙、屋顶和地面的传热系数测试可选热流计法或热箱法测试。公共建筑节能测试可参考上述方法进行测试和计算。

2. 节能型建筑的评估

依据《民用建筑节能设计标准》(采暖居住建筑部分)(JGJ 26—95)、《夏热冬冷地区居住建筑节能设计标准》(JGJ 134—2001)、《夏热冬暖地区居住建筑节能设计标准》(JGJ 75—2003)、地方标准法规和设计值进行比较评估。

①分别参比法：将测得的和计算的数据，如围护结构传热系数、热惰性指标、室内外温差和耗电量等分别与标准（设计）要求值比较，均符合则判定为符合标准（设计）；若某一项不符合，应进行综合计算。

②综合评价法：测试建筑物的采暖能耗、采暖空调能耗、空调能耗，与标准规定值比较；或测试部分参数，经计算综合能耗，与标准值比较。符合即判定为符合标准（设计）；不符合即判定为不合格。

1.10 保温工程施工防火技术

目前我国建筑墙体屋面保温材料大多采用有机高分子发泡保温材料，虽然相应的产品标准都对其阻燃性能提出了要求，但限于目前的技术水平和技术条件，其本质上仍属可燃材料，材料自身的阻燃性能指标还难以满足防火安全的要求。因此，如何从根本上消除建筑外墙屋面保温材料消防隐患的可能性是政府及建筑外保温行业急需解决的重要问题。

外墙外屋面保温建筑火灾的内因主要是材料燃烧性能问题，外因是建筑与施工消防管理问题。从根本上解决建筑消防隐患，不仅要提高材料/系统的燃烧性能，而且还要加强外墙、屋面保温工程施工的防火安全管理，只有这两项措施合理有效的结合，才会取得最佳的效果。

用于建筑保温工程的材料主要包括三大类，一类是以矿物棉、玻璃棉和膨胀玻化微珠保温砂浆等为主的无机保温材料，通常认定为不燃性材料；一类是以胶粉聚苯颗粒保温砂浆为主的有机/无机复合保温材料，通常认定为难燃性材料；另一类是以热塑性聚苯乙烯泡沫塑料和热固性聚氨酯硬泡为主的有机保温材料，通常认定为可燃性材料。

通过有机/无机复合构造设计来解决有机保温材料防火性能差的缺陷，是当前解决系统防火性能有效的技术手段。胶粉聚苯颗粒保温砂浆是典型的有机无机复合保温材料，由胶粉浆料与聚苯乙烯颗粒混合而成，使用状态下，聚苯乙烯颗粒被固化后的胶粉浆料所包裹。

目前建筑墙体保温体系中广泛采用的聚苯乙烯泡沫塑料和聚氨酯硬泡占据我国墙体保温市场的大部分份额，也是影响墙体保温体系防火安全性能的关键材料，在一定程度上决定着墙体保温体系整体的防火安全性能。按照《建筑材料及制品燃烧性能分级评价》（GB 8624—2006）的规定，评定其燃烧性能等级时强调产品的最终使用状态，产品的实际使用厚度将成为影响其燃烧性能等级的重要因素。

常用墙体保温材料燃烧性能比较见表 1-10-1 所示。

常用墙体保温材料燃烧性能技术比较　　　表 1-10-1

材料类型	保温材料	产品标准	技术要求		试验方法
有机保温材料	EPS	《绝热用模塑聚苯乙烯泡沫塑料》（GB/T 10801.1—2002）	氧指数：≥30%		GB/T 2406—1993
			B2 级	可燃性试验：点火 15s，20s 内，Fs≤150mm，且不允许有燃烧滴落物引燃滤纸的现象	GB/T 8626—1988

续表

材料类型	保温材料	产品标准	技术要求	试验方法
有机保温材料	XPS	《绝热用挤塑聚苯乙烯泡沫塑料》（GB/T 10801.2—2002）	可燃性试验：点火15s，20s内，Fs≤150mm，且不允许有燃烧滴落物引燃滤纸的现象 B2级	GB/T 8626—1988
	聚氨酯硬泡	《聚氨酯硬泡外墙墙体保温工程技术导则》	水平燃烧试验：平均燃烧时间≤70s；平均燃烧范围≤40mm B2级	GB/T 8332—1987
			烟密度等级SDR：≤75	GB/T 8627—1999
有机/无机复合型保温材料	胶粉聚苯颗粒保温砂浆	《胶粉聚苯颗粒墙体保温体系》（JG 158—2004）	A2级或B级（燃烧性能受聚苯乙烯颗粒掺入量的影响）	GB 8624—1997
无机保温材料	岩棉玻璃锦	《绝热用岩棉、矿渣棉及其制品》（GB/T 11835—98）《绝热用玻璃棉及其制品》（GB/T 13350—2000）	A1、A2级，个别情况下为B级（由于在制品的生产和加工过程中加入了少量的有机胶粘剂，所以会影响制品的燃烧性能）	GB 8624—1997
	膨胀玻化微珠	《膨胀玻化微珠》（JCT 1042—2007）	A1级	GB 8624—1997

提高保温工程防火能力的技术措施如下：

（1）墙体保温系统采取合理的构造方式作为防火隔离带

中高层建筑采用有机保温材料做外墙墙体保温时，墙体保温系统应采取合理的构造方式，如所有门窗洞口周边保温层的外表面，都必须有非常严密而且厚度足够的保护面层覆盖，以免有机保温材料立即被窗口窜出的火苗点燃；每楼层应设置由不燃保温材料构件构成的隔火条带（或窗口防火梁）（图1-10-1），以减少火势蔓延。防火构件和防火隔离带材料的研究需要同时满足防火与保温系统的功能。

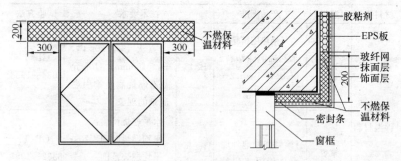

图 1-10-1 外墙保温防火隔离带设置

（2）采用有机/无机复合型防火材料技术

开发有机/无机复合型保温材料，特别是以工业废弃物为主的复合型优质高效保温隔热材料。

胶粉聚苯颗粒保温砂浆是有机/无机复合型保温材料，它们都具有良好的阻火性能，作为墙体保温体系的保温隔热层时，不存在防火安全性问题（图 1-10-2、图 1-10-3）。但由于胶粉聚苯颗粒保温砂浆和玻化微珠保温砂浆的导热系数一般可以达到 $0.06 \sim 0.07 \text{W}/(\text{m} \cdot \text{K})$，低于广泛采用的聚苯乙烯泡沫塑料和聚氨酯硬泡，工程实际中往往作为可燃甚至易燃的聚苯乙烯泡沫塑料和聚氨酯硬泡的隔火层，形成复合墙体保温体系。

图 1-10-2 胶粉聚苯颗粒复合聚苯板试验后状态

图 1-10-3 玻化微珠复合聚苯板试验后的状态

(3) 外墙保温系统采用防火涂层

涂覆在有机保温材料面层的防火界面涂层，可在保证防火性能的基础上将有机保温材料的防火等级氧指数提高到 B1 级，基本满足有机保温材料在现场施工和使用过程中的小火源攻击的火灾安全隐患问题。

采用难燃或不燃的涂料将可燃物表面封闭起来，避免基材与空气的接触，就可使可燃表面变成难燃或不燃的表面；或者将难燃剂添加到涂料中去，增加涂层的难燃性；也可以采用不燃性的无机胶粘剂作为涂层的成膜物质来实现涂层的不燃性。

但是，防火涂层要与外墙保温系统相匹配，做到保温系统面层无爆裂、无塌落，才能真正起到既保温节能、又防火安全的双重效果。

(4) 对现有有机保温材料进行改性，提高保温材料的耐火等级

有机保温材料主要包括泡沫聚苯乙烯、泡沫聚氨酯、泡沫酚醛树脂、泡沫脲醛树脂等产品。对现有有机保温材料进行改性，使原来易燃的有机保温材料达到氧指数高、火焰传播性小、烟雾小、毒性小、耐燃性好、耐火等级高、火焰贯穿强的难燃化技术路线。目前北京已开发防火性能好的酚醛树脂保温板材，并已通过工程应用。

2. 新型空调和采暖技术

2.1 地源热泵供暖空调技术

1. 概述

地源热泵系统是一种高效节能型并能实现可持续发展的新技术。地源热泵是一种利用浅层和深层的大地能量，包括土壤、地下水、地表水等天然能源作为冬季热源和夏季冷源，以水或添加防冻剂的水溶液为传热介质，然后再由蒸汽压缩热泵机组向建筑物供冷供热的系统。在夏热冬冷地区，冬季它从土壤、地下水或者地表水中取热，向建筑物供暖；夏季它将普通空调系统携带的热量向土壤、地下水或者地表水释放，从而实现建筑物制冷，同时它还可供应生活用水。因此是一种利用可再生能源的既可供暖又可制冷或加热生活热水的新型中央空调系统工程。

地源热泵系统是利用低温热源进行供热制冷的新型能源利用方式，与使用煤、气、油等常规能源供热制冷方式相比，具有清洁、高效、节能的特点。因地制宜发展热泵系统，有利于优化能源结构，促进多能互补，提高能源利用效率。

（1）分类

地源热泵系统依据现行《地源热泵系统工程技术规范》(GB 50366—2005)，分为地埋管地源热泵系统、地下水地源热泵系统和地表水地源热泵系统。

①地埋管地源热泵系统是利用地下岩土中热量的闭路循环的地源热泵系统。它通过循环液（水或以水为主要成分的防冻液）在封闭地下埋管中的流动，实现系统与大地之间的传热。地下耦合热泵系统在结构上的特点是有一个由地下埋管组成的土壤热交换器。

②地下水地源热泵系统则从水井中抽取的地下水，经过换热

的地下水可以排入地表水系统，但对于较大的应用项目通常要求通过回灌井把地下水回灌到原来的地下水层。实际工程中更多采用闭式环路的热泵循环水系统，即采用板式换热器把地下水和通过热泵的循环水分隔开，以防止地下水中的泥沙和腐蚀性杂质对热泵造成影响。通常系统包括带潜水泵的取水井和回灌井。

③地表水地源热泵系统由潜在水面以下的、多重并联的塑料管组成的热交换器取代了土壤热交换器，与地埋管地源热泵系统一样，它们被连接到建筑物中，并且在北方地区需要进行防冻处理。地表水地源热泵系统的一个热源是池塘、湖泊或河溪中的地表水。在靠近江河湖海等大量自然水体的地方利用这些自然水体作为热泵的低温热源是值得考虑的一种空调热泵的形式。

(2) 特点

地源热泵系统具有以下特点：

①高效节能，实现能源再生利用。夏季高温差的散热和冬季低温差的取热，使得地源热泵系统换热效率很高。因此在产生同样热量或冷量的时候，只需小功率的压缩机就可实现，从而达到节能的目的，其耗电量仅为普通中央空调与锅炉系统的 40%～60%。地表浅层是一个巨大的太阳能集热器，收集了 47% 的太阳所散发到地球上的能量，比人类每年利用能量的 500 倍还多。它不受地域、资源等限制，真正实现了量大面广、无处不在。这种储存于地表浅层并类似于一种无限的可再生能源，使得地能也成为清洁的可再生能源的一种形式。

②绿色、环保无污染。地源热泵系统的污染物排放，与空气源热泵相比，减少 40% 以上，与电供暖相比，减少 70% 以上，如果结合其他节能措施节能减排量会更明显。地源热泵系统在冬季供暖时，不需要锅炉，无燃烧产物排放，可大幅度降低颗粒物等污染物的排放量，保护了环境。

③初投资增加，但运行维护费用低廉。地源热泵系统除供暖，还能制冷，提供新风、热水，带来综合成本上的节约。使用地源热泵技术，多数地源热泵项目低于燃煤集中供热的采暖价

格,更低于燃油、燃气和电锅炉供暖价格。

尽管还有一些不利因素限制了地源热泵的快速普及,如初投资较大,但随着科技的发展,限制地源热泵普及的因素已经或正在得到改善。因而,地源热泵系统被认为是最有前途的空调系统之一。

(3) 技术指标

设计和施工应符合《地源热泵系统工程技术规范》(GB 50366—2005)、《中央液态冷热源环境系统设计施工图集》(03SR113),以及室内系统的设计应符合《采暖通风与空气调节设计规范》(GB 50019—2003)的要求。其中涉及生活热水或其他热水供应部分,应符合《建筑给水排水设计规范》(GB 50015)的要求。室内系统安装应符合《通风与空调工程施工质量验收规范》(GB 50243—2002)的规定。水源热泵机组本体的安装、试运行及验收应符合现行国家标准《制冷设备、空气分离设备安装工程施工及验收规范》(GB 50274)有关条文的规定。

管材应参照:《给水用聚乙烯(PE)管材》(GB/T 13663)、《冷热水用聚丁烯(PB)管道系统》(GB/T 19473.2),管材使用条件级别为 4 级,设计压力为 1.0MPa。

(4) 适用范围

本项技术适用于以土壤、地表水、地下水为低温热源,利用热泵系统进行供暖空调或加热生活热水的系统工程的设计、施工。不包括直接将热泵机组的蒸发器或冷凝器置于土壤或水源中的分体热泵机组。

(5) 已应用的典型工程

随着地源热泵技术的发展与完善,该项技术的工程应用在国内呈现出逐渐增长的趋势。地源热泵技术在国内许多工程中得到普遍应用,如国家大剧院景观水池工程。

2. 施工技术

(1) 施工设计

地源热泵系统方案设计前,应进行工程场地状况调查,并应对浅层地热能资源进行勘察。对已具备水文地质资料或附近有水井的地区，应通过调查获取水文地质资料。工程勘察应由具有勘察资质的专业队伍承担。工程勘察完成后，应编写工程勘察报告，并对资源可利用情况提出建议。

地源热泵系统设计前，应根据工程勘察结果评估地埋管换热系统实施的可行性及经济性。

换热系统设计前应明确待施工区域内各种地下管线的种类、位置及深度，预留未来地下管线所需的路以及区域进出重型设备的车道位置。

1) 地埋管换热系统设计时，应注意：

①地埋管及管件应符合设计要求，且应具有质量检验报告和生产厂的合格证。地埋管管材及管件应符合：A. 地埋管应采用化学稳定性好、耐腐蚀、导热系数大、流动阻力小的塑料管材及管件，宜采用聚乙烯管（PE80 或 PE100）或聚丁烯管（PB），不宜采用聚氯乙烯（PVC）管。管件与管材应为相同材料；B. 地埋管质量应符合国家现行标准中的各项规定。管材的公称压力及使用温度应满足设计要求，且管材的公称压力不应小于 1.0MPa，地埋管外径及壁厚可按规范附录 A 的规定选用。

②传热介质应以水为首选，也可选用符合下列要求的其他介质：A. 安全、腐蚀性弱、与地埋管管材无化学反应；B. 较低的冰点，如乙二醇溶液；C. 良好的传热特性，较低的摩擦阻力；D. 易于购买、运输和储藏。

在有可能冻结的地区，传热介质应添加防冻剂。防冻剂的类型、浓度及有效期应在充注阀处注明。添加防冻剂后的传热介质的冰点宜比设计最低运行水温低 3～5℃。选择防冻剂时，应同时考虑防冻剂对管道与管件的腐蚀性、防冻剂的安全性、经济性及其对换热的影响。

③地埋管换热系统设计应进行全年动态负荷计算，最小计算周期宜为 1 年。计算周期内，地源热泵系统总释热量宜与其总吸热量相平衡。地埋管换热器换热量应满足地源热泵系统最大吸热

量或释热量的要求。在技术经济合理时，可采用辅助热源或冷却源与地埋管换热器并用的调峰形式。

④地埋管换热器应根据可使用地面面积，工程勘察结果及挖掘成本等因素确定埋管方式。

⑤地埋管换热器设计计算宜根据现场实测岩土体及回填料热物性参数，采用专用软件进行计算。地埋管换热器管内流体应保持紊流流态。最上层埋管顶部应在冻土层以下0.4m，且距地面不宜小于0.8m。竖直地埋管换热器埋管深度宜大于20m，钻孔孔径不宜小于0.11m，钻孔间距应满足换热需要，间距宜为3～6m。水平连接管的深度应在冻土层以下0.6m，且距地面不宜小于1.5m。

⑥地埋管换热器安装位置应远离水井及室外排水设施，并宜靠近机房或以机房为中心设置。地埋管换热系统应设自动充液及泄漏报警系统，需要防冻的地区，应设防冻保护装置。

⑦地埋管换热系统应根据地质特征确定回填料配方，回填料的导热系数不应低于钻孔外或沟槽外岩土体的导热系数。

⑧地埋管换热系统宜设置反冲洗系统，冲洗流量宜为工作流量的2倍。

2) 地下水换热系统设计时，应注意：

①地下水换热系统应根据水文地质勘察资料进行设计，热源井的设计单位应具有水文地质勘察资质。必须采取可靠回灌措施，确保置换冷量或热量后的地下水全部回灌到同一含水层，并不得对地下水资源造成浪费及污染。系统投入运行后，应对抽水量、回灌量及其水质进行定期监测。实际上，由于这种系统出现越来越多的无法回灌情况，造成地下水被大量抽取浪费，双井抽灌逐渐受到限制，单井抽灌能量采集技术则是一个以水为介质的密闭循环的热量采集装置，是土壤源热泵系统的一种，运行过程中没有水资源消耗，对区域地下水状态和地质结构无影响。一口80m深的单井抽灌能量采集装置获得能量600kW，相当于每米进尺所获功率7500W。地下水的持续出水量应满足地源热泵系

统最大吸热量或释热量的要求。地下水供水管，回灌管不得与市政管道连接。

②热源井设计应符合现行国家标准《供水管井技术规范》(GB 50296)的相关规定，并应包括下列内容：

  A. 热源井抽水量和回灌量，水温和水质；
  B. 热源井数量，井位分布及取水层位；
  C. 井管配置及管材选用，抽灌设备选择；
  D. 井身结构，填砾位置，滤料规格及止水材料；
  E. 抽水试验和回灌试验要求及措施；
  F. 井口装置及附属设施。

③热源井设计时应采取减少空气侵入的措施。

④抽水井与回灌井宜能相互转换，其间应设排气装置。抽水管和回灌管上均应设置水样采集口及监测口。

⑤热源井数目应满足持续出水量和完全回灌的需求。

⑥热源井位的设置应避开有污染的地面或地层。热源井井口应严格封闭，井内装置应使用对地下水无污染的材料。

⑦热源井井口处应设检查井。井口之上若有构筑物，应留有检修用的足够高度或在构筑物上留有检修口。

⑧地下水换热系统应根据水源水质条件采用直接或间接系统；水系统宜采用变流量设计；地下水供水管道宜保温。

3）建筑物内系统设计时，应注意：

①建筑物内系统的设计应符合现行国家标准《采暖通风与空气调节设计规范》(GB 50019)的规定。其中，涉及生活热水或其他热水供应部分，应符合现行国家标准《建筑给水排水设计规范》(GB 50015)的规定。

②建筑物内系统应根据建筑的特点及使用功能确定水源热泵机组的设置方式及末端空调系统形式。

③在水源热泵机组外进行冷、热转换的地源热泵系统应在水系统上设冬、夏季节的功能转换阀门，并在转换阀门上作出明显标识。地下水或地表水直接流经水源热泵机组的系统应在水系统

上预留机组清洗用旁通管。

④地源热泵系统在具备供热、供冷功能的同时，宜优先采用地源热泵系统提供（或预热）生活热水，不足部分由其他方式解决。水源热泵系统提供生活热水时，应采用换热设备间接供给。

⑤建筑物内系统设计时，应通过技术经济比较后，增设辅助热源，蓄热（冷）装置或其他节能设施。

（2）施工工艺

1）地埋管换热系统施工要求如下：

①地埋管换热系统施工前应具备埋管区域的工程勘察资料，设计文件和施工图纸，并完成施工组织设计。

②地埋管换热系统施工前应了解埋管场地内已有地下管线，其他地下构筑物的功能及其准确位置，并应进行地面清理，铲除地面杂草、杂物，平整地面。

③地埋管换热系统施工过程中，应严格检查并做好管材保护工作。

④管道连接应符合下列规定：

A. 埋地管道应采用热熔或电熔连接，聚乙烯管道连接应符合国家现行标准《埋地聚乙烯给水管道工程技术规程》（CJJ 101）的有关规定；

B. 竖直地埋管换热器的U形弯管接头，宜选用定型的U形弯头成品件，不宜采用直管道搣制弯头；

C. 竖直地埋管换热器U形管的组对长度应能满足插入钻孔后与环路集管连接的要求，组对好的U形管的两开口端部，应及时密封。

⑤水平地埋管换热器铺设前，沟槽底部应先铺设相当于管径厚度的细砂。水平地埋管换热器安装时，应防止石块等重物撞击管身。管道不应有折断，扭结等问题，转弯处应光滑，且应采取固定措施。

⑥水平地埋管换热器回填料应细小、松散、均匀，且不应含石块及土块。回填压实过程应均匀，回填料应与管道接触紧密，

且不得损伤管道。

⑦竖直地埋管换热器 U 形管安装应在钻孔钻好（图 2-1-1）且孔壁固化后立即进行。当钻孔孔壁不牢固或者存在孔洞，洞穴等导致成孔困难时，应设护壁套管。下管过程中，U 形管内宜充满水，并宜采取措施使 U 形管两支管处于分开状态，如图 2-1-2。

 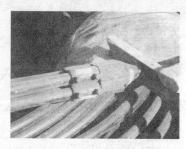

图 2-1-1　竖直地埋管钻孔　　图 2-1-2　竖直地埋管换热器 U 形管

⑧竖直地埋管换热器 U 形管安装完毕后，应立即灌浆回填封孔，当埋管深度超过 40m 时，灌浆回填应在周围临近钻孔均钻凿完毕后进行。

⑨地埋管换热系统施工时，严禁损坏既有地下管线及构筑物。地埋管换热器安装完成后，应在埋管区域做出标志或标明管线的定位带，并应采用 2 个现场的永久目标进行定位。

2）地下水换热系统施工要求如下：

①热源井的施工队伍应具有相应的施工资质。

②地下水换热系统施工前应具备热源井及其周围区域的工程勘察资料，设计文件和施工图纸，并完成施工组织设计。

③热源井施工过程中应同时绘制地层钻孔柱状剖面图。

④热源井施工（图 2-1-3）应符合现行国家标准《供水管井技术规范》（GB 50296）的规定。

⑤热源井在成井后应及时洗井，洗井结束后应进行抽水试验和回灌试验。

⑥抽水试验应稳定延续12h，出水量不应小于设计出水量，降深不应大于5m；回灌试验应稳定延续36h以上，回灌量应大于设计回灌量。

图2-1-3 热源井正采用回转钻方式钻井

图2-1-4 机房安装实景

3）建筑物内系统施工要求如下：

水源热泵机组性能应符合现行国家标准《水源热泵机组》(GB/T 19409)的相关规定，且应满足地源热泵系统运行参数的要求。水源热泵机组应具备能量调节功能，且其蒸发器出口应设防冻保护装置。水源热泵机组及末端设备应按实际运行参数选型。

水源热泵机组及建筑物内系统安装应符合现行国家标准《制冷设备，空气分离设备安装工程施工及验收规范》(GB 50274)及《通风与空调工程施工质量验收规范》(GB 50243)的规定。

3. 质量检验评定标准

(1) 地埋管换热系统的检验与验收要求

1）地埋管换热系统安装过程中，应进行现场检验，并应提供检验报告。检验内容应符合下列规定：

①管材、管件等材料应符合国家现行标准的规定；

②钻孔，水平埋管的位置和深度，地埋管的直径、壁厚及长度均应符合设计要求；

③回填料及其配比应符合设计要求；
④水压试验应合格；
⑤各环路流量应平衡，且应满足设计要求；
⑥防冻剂和防腐剂的特性及浓度应符合设计要求；
⑦循环水流量及进出水温差均应符合设计要求。

2) 水压试验应符合下列规定：

①试验压力：当工作压力不大于 1.0MPa 时，应为工作压力的 1.5 倍，且不应小于 0.6MPa；当工作压力大于 1.0MPa 时，应为工作压力加 0.5MPa。

②水压试验步骤：竖直地埋管换热器插入钻孔前，应做第一次水压试验。在试验压力下，稳压至少 15min，稳压后压力降不应大于 3%，且无泄漏现象；将其密封后，在有压状态下插入钻孔，完成灌浆之后保压 1h。水平地埋管换热器放入沟槽前，应做第一次水压试验。在试验压力下，稳压至少 15min，稳压后压力降不应大于 3%，且无泄漏现象。

竖直或水平地埋管换热器与环路集管装配完成后，回填前应进行第二次水压试验。在试验压力下，稳压至少 30min，稳压后压力降不应大于 3%，且无泄漏现象。

③环路集管与机房分集水器连接完成后，回填前应进行第三次水压试验。在试验压力下，稳压至少 2h，且无泄漏现象。

④地埋管换热系统全部安装完毕，且冲洗、排气及回填完成后，应进行第四次水压试验。在试验压力下，稳压至少 12h，稳压后压力降不应大于 3%。

⑤水压试验宜采用手动泵缓慢升压，升压过程中应随时观察与检查，不得有渗漏；不得以气压试验代替水压试验。

3) 回填过程的检验应与安装地埋管换热器同步进行。

(2) 地下水换热系统的检验与验收要求

①热源井应单独进行验收，且应符合现行国家标准《供水管井技术规范》(GB 50296) 及《供水水文地质钻探与凿井操作规程》(CJJ 13) 的规定。

2. 新型空调和采暖技术

②热源井持续出水量和回灌量应稳定，并应满足设计要求。持续出水量和回灌量应符合规范第 5.3.6 条的规定。

③抽水试验结束前应采集水样，进行水质测定和含砂量测定。经处理后的水质应满足系统设备的使用要求。

④地下水换热系统验收后，施工单位应提交热源井成井报告。报告应包括管井综合柱状图，洗井、抽水和回灌试验，水质检验及验收资料。

⑤输水管网设计、施工及验收应符合现行国家标准《室外给水设计规范》（GB 50013）及《给水排水管道工程施工及验收规范》（GB 50268）的规定。

（3）建筑物内系统施工、检验与验收要求

①水源热泵机组、附属设备、管道、管件及阀门的型号、规格、性能及技术参数等应符合设计要求，并具备产品合格证书，产品性能检验报告及产品说明书等文件。

②水源热泵机组及建筑物内系统安装应符合现行国家标准《制冷设备，空气分离设备安装工程施工及验收规范》（GB 50274）及《通风与空调工程施工质量验收规范》（GB 50243）的规定。

（4）整体运转、调试与验收要求

①地源热泵系统交付使用前，应进行整体运转、调试与验收。

②地源热泵系统整体运转与调试应符合下列规定：

整体运转与调试前应制定整体运转与调试方案，并报送专业监理工程师审核批准；水源热泵机组试运转前应进行水系统及风系统平衡调试，确定系统循环总流量，各分支流量及各末端设备流量均达到设计要求；水力平衡调试完成后，应进行水源热泵机组的试运转，并填写运转记录，运行数据应达到设备技术要求。

水源热泵机组试运转正常后，应进行连续 24h 的系统试运转，并填写运转记录；地源热泵系统调试应分冬、夏两季进行，且调试结果应达到设计要求。调试完成后应编写调试报告及运行操作规程，并提交业主确认后存档。

③地源热泵系统整体验收前，应进行冬、夏两季运行测试，并对地源热泵系统的实测性能作出评价。

④地源热泵系统整体运转，调试与验收除应符合设计要求外，还应符合现行国家标准《通风与空调工程施工质量验收规范》（GB 50243）和《制冷设备，空气分离设备安装工程施工及验收规范》（GB 50274）的相关规定。

2.2 供热采暖系统与热计量温控技术

1. 概述

室温控制和热量计量技术是在供热系统中安装流量调节装置和热量计量装置，以达到调节控制室内温度和计量系统供热量的目的。供热采暖系统温控与热计量技术，主要应用于我国实施供热体制改革之前建造的需进行热计量改造的既有建筑（住宅）以及新建建筑。应用该技术的旧有建筑，其室内采暖系统通常将传统的系统形式改造为垂直单管加跨越管的形式，系统中安装有恒温阀或手动调节阀；应用该技术的新建建筑，其室内采暖系统形式为：立管为垂直双管、各住户独立分环，各环为水平单、双管系统，系统中安装有恒温阀或手动调节阀，以实现室温调节。除了室内采暖系统与传统供热系统存在以上不同之外，系统中还增加有其他调节与控制装置，如在二次网系统中安装变频调速水泵、压差控制器、电动调节阀、气候补偿器等设备，以适应因室温调节（使用恒温阀）而使得系统流量能够随之变化的要求。并在热源出口、建筑物入口、各住户系统入口等处安装有热量计量装置，以实现供热量的计量。

(1) 热量计量方法

目前，常用的热量计量方法包括：

1) 楼热力入口热量表＋各户建筑面积分摊

在楼入口安装热量表，用于计量整栋楼的用热量，各住户供热系统上不安装热量计量仪表。

每栋楼所交纳的热费以建筑物入口处热量表记录的热量作为与供热单位的结算依据，该楼各热用户则按照每户建筑面积占整栋楼建筑面积的比例分摊该楼的热费。

2）楼热力入口计量表＋户用热量表

在楼热力入口安装热量表，每户供热系统上安装户用热量表。

每栋楼所交纳的热费以建筑物入口处热量表记录的热量作为与供热单位的结算依据，该楼各热用户则按照每户热量表供热量值分摊热费。

3）楼热力入口计量表＋户用热量分配表

在楼热力入口安装热量表，每户散热器上安装热量分配表（蒸发式、电子式）。

每栋楼所交纳的热费以建筑物入口处热量表记录的热量作为与供热单位的结算依据，该楼各热用户则按照每户热量分配表的数值经过修正后（根据各户的朝向、层数等因素）分摊该楼的热费。

4）楼热力入口计量表＋测温仪表

在楼热力入口安装热量表，每户室内安装测试室内温度的仪表。

每栋楼所交纳的热费以建筑物入口处热量表记录的热量作为与供热单位的结算依据，该楼各热用户则按照测温仪表测得的每户采暖季节室内平均温度分摊该楼的热费。

（2）特点

1）改善室内热舒适性；

2）提高热源、管网运行效率；

3）降低供热成本、实现有效节能与环保；

4）需要计量仪表、系统调节装置及相关节能产品等硬件的配套支持；

5）需要用户的理解与支持，需要政策法律的支持。

(3) 技术指标

热水集中采暖分户热计量系统的设计,应符合《采暖通风与空气调节设计规范》(GB 50019—2003)、《居住建筑节能设计标准》有关规定的要求。采用低温热水地板辐射采暖时,其系统设计应符合《采暖通风与空气调节设计规范》(GB 50019—2003)、《地面辐射供暖技术规程》(JGJ 142—2004) 中有关的要求。目前可用于户内采暖系统的塑料管材应满足设计水温的要求,并参照现行《铝塑复合压力管(搭接焊)》、《铝塑复合管用卡套式铜制管接头》、《承接式管接头》、《建筑给水交联聚乙烯(PE-X)管材》、《冷热水用聚丙烯管道系统》等有关标准执行。室内系统安装应符合《建筑给水排水与采暖工程施工质量验收规范》(GB 50242—2002)、《热水集中采暖分户热计量系统施工安装》(04K502) 的规定。

(4) 适用范围

本项技术适用于新建住宅供热采暖系统、既有住宅供热采暖系统热计量改造。既有住宅供热采暖系统补建以及公共建筑供热采暖系统设计和改造可以参考。

(5) 已应用的典型工程

北京西三旗世界银行热计量与收费示范工程、天津凯立花园热计量与收费工程、中加合作哈尔滨节能改造工程、中美合作烟台节能示范工程等。

2. 施工技术

(1) 施工设计

1) 室内系统

热水集中采暖分户热计量系统的热负荷,应按现行《采暖通风与空气调节设计规范》的有关规定进行计算。实施分户热计量的住宅建筑,其卧室、起居室(厅)和卫生间等主要居住空间的室内计算温度,应按相应的设计标准提高 2℃。户间楼板和隔墙的热阻值,宜通过综合技术经济比较确定。在确定户内采暖设备容量时,应考虑户间因室温差异而造成的热传递。但所附加的热量不应统计在集中采暖系统的总热负荷中。户间传热负荷可参考如下计算方法：应计算通过户间楼板和隔墙的传热量；与邻户的温差，宜取 5～6℃；以户内各房间传热量取适当比例的总和，作为户间总传热负荷。该比例应根据住宅入住率情况、建筑围护结构状况及其具体采暖方式等综合考虑。建议对中间层房间取 30%～50%，对顶层、底层和顶部房间取 50%～80%；按上述计算得出户间传热量，不宜大于按现行《采暖通风与空气调节设计规范》的有关规定计算出的设计采暖负荷的 50%。

室内供暖系统由供暖管道入口装置，各环路的供回水干管和各共用立管组成。

新建集中供暖住宅的室内系统，应按分户设置热量表的热计量方法进行设计。与此相应，宜采用共用立管的分户独立系统形式。室内系统应设置一户一表。具有多种套型，且套型面积相差较大的住宅，根据水力平衡或管系统布置的需要，套型面积较大时一户也可多于一表。

图 2-2-1　流量积分仪（热力站）

住宅楼内的公共用房和共用空间，应设置单独采暖系统和热量计量装置。

供暖管道入口在满足室内各环路水力平衡和总体热计量的前提下，应尽量减少建筑物的供暖管道入口数量（图 2-2-1）。

①集中热水采暖分户计量系统热力入口，除常规做法外，还应符合下列要求：

A. 在室外管网水力工况波动时，对于建筑物内系统不致产生水力和热力失调。

B. 应使所有控制阀门处于良好的水力工况下，并应将阀门水力噪声控制在可接受的范围内。

C. 避免室外管网系统中杂质对建筑物内系统的污染。

D. 方便运行调试，利于维护管理。

E. 可根据需要设置热量计量装置。

②热力入口的具体要求：

A. 室内采暖为垂直单管跨越式系统，热力入口应设自力式流量控制阀；室内采暖为双管系统，热力入口应设自力式压差控制阀。自力式压差控制阀或流量控制阀两端压差不宜大于100kPa，不应小于8.0kPa，具体规格应由计算确定。

B. 设置计量装置的热力入口，其流量计宜设在回水管上，进入流量计前的回水管上应设过滤器，滤网规格不宜小于60目。

C. 热力入口供、回水管均应设过滤器。供水管应设两级过滤器，顺水流方向第一级为粗滤，滤网孔径不宜大于$\phi 3.0mm$；第二级为精过滤，滤网规格宜为60目。

D. 热力入口装置的热计量仪表及各种阀门应按产品样本说明书安装。

③供、回水管应设置必要的压力表或压力表管口，其设置作用如下：

A. 通过压力表可以观测热力入口的压头。

B. 通过压力表可以直接/间接判断过滤器两端压差。

C. 通过压力表可以观察用户系统压差。

D. 根据总体调节的需要，设置差压或流量自动调节装置。

有条件的情况下，为利于热计量系统的供热调节，推荐采用每幢建筑热力入口设置小型独立组装式换热站的系统形式。

供暖管道入口装置的设置位置，无地下室的建筑，宜于室外管沟入口或楼梯间下部设置小室，小室净高应不低于1.4m，前部操作面净宽不小于0.7m。室外管沟小室宜有防水和排水措施；有地下室的建筑，宜设置在地下室可锁闭的专用空间内，空间净高应不低于2.0m，前部操作面净宽应不小于0.7m。

水平干管和共用立管供水及回水干管的环路应均匀布置；各共用立管的负荷宜相近；供水及回水干管应设置于住宅户外的室内设备层或半通行管沟内。当下部为公共用房时，允许设置于公共用房空间内，但应具备进行检修的条件。

2. 新型空调和采暖技术

　　共用立管的布置，符合住宅平面布置和户外公用空间的特点；一对立管可以仅连接每层一个户内系统，也可连接每层一个以上的户内系统；同一对立管宜连接负荷相近的户内系统；除每层设置热媒集配装置连接各户的系统外，一对共用立管连接的户内系统，不宜多于40个。

　　共用立管的设计，应采取防止垂直失调的措施，宜采用下分式双管系统；共用立管接向户内系统分支管上，应设置具有锁闭和调节功能的阀门；共用立管宜设置在户外，并与锁闭调节阀门和户用热量表组合设置于可锁封的管井或小室内；户用热量表设置于户内时，锁闭调节阀门和热量显示装置应在户外设置；下分式双管立管的顶点，应设集气和排气装置，下部应设泄水装置。

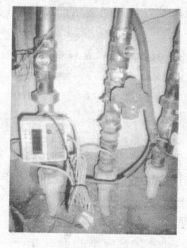

图2-2-2　入户装置

　　户外公共空间的建筑设计，应为共用立管、阀门和户用热量表的合理设置提供条件。

　　供水及回水干管，共用立管，宜采用热镀锌钢管螺纹连接。

　　供回水干管和共用立管，至户内系统接点前，不论设置于任何空间，均应采用高效保温材料加强保温。

　　2）户内系统

　　户内系统的入户装置（图2-2-2）应包括供水管锁闭调节阀和回水管锁闭阀，户用热量表，设于热量表前的管道过滤器等构件；入户装置各构件的设置位置，由设计确定。

　　当采用散热器供暖方式时，应根据建筑平面和层高，装饰标准和使用要求，管材和施工技术条件等因素，选择采用以下户内供暖管道布置方式：布置在本层顶板下，采用上分双管式系统；布置在本层地面上或镶嵌在踢脚板内，采用下分双管式或水平串联单管跨越式系统；布置在本层地面下的垫层内，采用下分双管式、水平串联单管跨越式或放射双管式系统。

当采用低温热水地板辐射供暖方式时，管道系统的设计，应符合《地面辐射供暖技术规程》（JGJ 142—2004）的规定。

采用冬季集中供暖和夏季独立冷源供冷相结合的分户空调系统时，户内供暖管道与空调水系统的连接，应方便供暖和供冷系统之间的切换，并确保切换时各户独立冷源系统的密闭性。

散热器的选用，应符合《住宅设计规范》关于"体形紧凑，便于清扫，使用寿命不低于钢管的形式"的要求。其中，应根据系统类型，热源和管网的运行管理条件等因素，权衡使用寿命。当采用铸铁散热器时，应对散热器内腔的清砂工艺提出特殊要求，并有可靠的质量控制措施。

散热器的布置，确保室内温度的均匀分布；与室内设施和家具的布置协调；尽可能缩短户内管系的长度。

室内温度的调节和控制，分户热计量的分户独立系统，应能确保居住者可自主实施分室温度的调节和控制。

散热器供暖系统的温度调节控制设施，双管式和放射双管式系统，每一组散热器上设置高阻手动调节阀（图 2-2-3）或自力式两通恒温阀；水平串

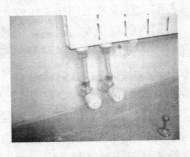

图 2-2-3 散热器温控阀（手动）

联单管跨越式系统，每一组散热器上设置手动三通调节阀或自力式三通恒温阀。

地板辐射供暖系统的主要房间，应分别设置分支路。热媒集配装置的每一分支路，均应设置调节控制阀门。

冬夏结合采用户式空调系统时，空调器的温控器应具备供冷或供暖的转换功能。

当共用供回水立管，锁闭阀门和户用热量表设置于户外时，

宜在户内适当位置,设置具有防冻功能的手动或自力式总调节阀门。

所有调节阀,均应确保能灵活调节和在频繁调节条件下无外漏。

3) 热量计量装置

住宅的分户热计量,应采用以热媒的焓差和质量流量在一定时间内的积分的直接测量方式。

由流量计、测温传感器和热量的积分计算显示器三部分组成的机电一体化仪表即热量表,与其他相关功能配件相组合,构成热量计量装置。

热量计量装置应区分为:户用热量表,建筑采暖入口热量表和热源热量表。

住宅分户热计量各种热量计量装置的分项精度,总体精度和其他技术要求,应符合有关国家标准的规定。在国家标准未正式发布前,宜参考采用相关国外先进标准。

国内研制开发的产品,应通过省级及以上鉴定。生产企业应有制造计量器具许可证。国内外的各类产品,均应经国家质量技术监督局认可的,省级及以上检验机构检验合格,并取得《计量器具型式批准证书》。

热量计量装置的选用,根据单一供暖还是供暖供冷兼用的不同使用要求,区别选用对应的热量表;耐温性能应与安装位置热媒的最高工作温度相适应;承压应不低于安装位置热媒工作压力的1.5倍;使用和安装条件与产品说明书要求一致。

户用热量表应按系统设计流量对应热量表的额定流量,选择确定户用热量表的规格型号。

户用热量表的流量计及其设置,宜采用机械式旋翼流量计,也可采用超声式流量计;宜设置于供水管上;额定流量下的水流阻力,宜水大于25kPa;在表前配置过滤器。

户用热量表的温度传感器及其设置,应采用热量表制造厂配套供应的配对传感器;应选用直接插入管道的短探头或可将探头直接插入的球阀；当需要设置于户内时，宜采用温度传感器内置式的一体化表。

户用热量表应采用内装电池，有效使用寿命应不低于五年。

建筑采暖入口热量表和热源热量表宜按系统设计流量的80%对应热量表的额定流量，选择确定建筑入口热量表和热源热量表的规格型号。

建筑入口热量表和热源热量表的流量计及其设置，口径为50~65mm 时，宜采用机械式旋翼流量计；口径为 80~150mm 时，宜采用超声式流量计，也可以采用机械式水平或垂直螺翼流量计；口径不小于 200mm 时，宜采用超声式流量计；应设置于回水管上；额定流量下的水流阻力，宜不大于 20kPa。

建筑入口热量表和热源热量表的配对温度传感器，应严格按照配套产品的安装使用要求设置。

建筑入口热量表宜采用内装电池，热源热量表可采用外接电源。

建筑入口热量表宜采用流量计和积分计算仪合为一体的整体式，热源热量表宜采用流量计和积分计算仪分离的组合式。

4）室外管网、热源及热交换站

①室外管网：室外管网应在充分了解热源系统和各室内采暖系统特性的基础上进行设计，以确保总体系统的水力平衡和有效调节控制。

新建系统的室外管网所服务的室内采暖系统形式宜一致。

既有采暖系统与新建外管网连接时，宜采用热力站的间接连接方式；若直接连接时应对新、旧系统的水力工况进行平衡校核。当热力入口资用压差不能满足既有采暖系统时，应采取提高管网循环泵扬程或增设局部加压泵等补偿措施，以满足既有室内系统资用压差的需要。

计量供热的改造工程应根据室外一、二次管网的分布特点，对于一次管网以热力站为单元、对于二次管网以分支干管为单元进行统一规划，按规划单元进行实施，应避免在一个分支干管上同时存在新旧两个系统而导致管网的水力失调。

室外管网应进行严格的水力平衡计算，必要时各分支环路应设静态平衡装置。

②热源及热交换站：新建热源可为城市热网、地区供热厂、区域锅炉房、换热站等。当采用燃气、燃油和电热锅炉房作为热源时，为了便于调节，每个锅炉房的供热面积不宜过大。

对既有室内采暖系统进行计量供热改造的同时必须对室外管网、热交换站/锅炉房进行相应改造，以保证计量供热系统的正常运行。

改造的具体内容包括：

A. 对室外管网、热交换站/锅炉房进行严格的清洗，增设或完善必要的过滤除污装置。

B. 热交换站/锅炉房增设或完善必要的水处理装置（软化与除氧），保证系统水质满足现行国家标准《低压锅炉水质标准》的要求控制系统水质和系统补水水质，系统水溶解氧不大于0.1mg/L。在非采暖季节应对二次管网及室内系统进行湿保养。

C. 热交换站/锅炉房增设或完善必要的调节手段，所采用的调节手段应与改造后的室内采暖系统形式相适应。

D. 增设或完善分支环路和热力入口的调节手段，特别是当一个支状管网上的各分支干管所服务的室内采暖系统不能同时完成改造时，分支干管的水力调节手段尤为重要。

E. 当热源为热水锅炉房时，其热力系统应同时满足锅炉本体循环水量基本恒定的要求和热源至换热器一次管网的变流量调节要求，为实现这一目的，可采用热源双级泵系统等方式。

F. 热水锅炉房热力系统设计应能适应由于行为节能引起的较大幅度的负荷变化。

G. 热水锅炉房应利于变频调节技术实现鼓、引风机、燃烧系统、循环水泵等的节能运行。

H. 双级泵系统的二级循环水泵宜设置变频调速装置，一二级泵供回水管之间应设置连通管。

I. 单级泵系统的供回水管之间，应设置压差旁通阀。

热水锅炉房宜采用根据室外温度主动调节锅炉出水温度，同时根据压力/压差变化被动调节一次网水量的供热调节方式。

热交换站二次网调节方式应与其所服务的户内系统形式相适应：当户内系统形式均为或多为双管系统时，宜采用变流量调节方式，反之，宜采用定流量调节方式。热交换站的基本调节方式宜为：由气候补偿器根据室外温度，通过调节一次水量控制二次侧供水温度，以压力/压差变化调节二次网流量。

热交换站的供热规模应根据技术经济分析确定，并考虑到供热系统的可靠性及水力稳定性。

5）热计量装置与热量计算

热源应设热量计量装置，以便于供热单位的内部核算。换热站或小区锅炉房应设热量计量装置，作为供热方与用户热费结算的工具。

建筑物热力入口是否设热量总表，应根据以下原则确定：当建筑物的类型不同时，如高层与多层建筑，应安装热量总表；当建筑物的围护结构不同时，应安装热量总表；当建筑物用途不同时，如公共建筑和住宅，应安装热量总表；当户内采暖系统采用不同的分户热计量装置时，应安装热量总表；当户内采暖系统没有设热计量装置时，应安装热量总表。

分户热计量装置可采用户用热量表、热分配表等：分户热计量方式的选择应考虑热计量成本的回收，并与室内采暖系统形式相适应。

垂直单管顺流系统和垂直双管系统应使用热分配表。

公共立管的分户独立系统形式可使用户用热量表或热分配表。

低温地板辐射式采暖系统应设户用热量表。

热量计算与热费分摊时，以热交换站或小区锅炉房的热量总表作为热费结算的工具，热量总表测出的数值用来计算热费，体现用多少热花多少钱。建筑物热力入口的热量总表数值，宜为热费分摊依据,其测出的热量用来将总的热费分摊到各楼。各楼应交或分摊到的热费,应采取两部制分摊法分摊给楼内的热用户,一部分按用户的采暖面积分摊,以利于供热设施固定成本的回收,防止人为的户间传热量过大。

(2) 施工工艺

供回水干管、共用立管,宜采用热镀锌钢管螺纹连接。户内采暖管道的明装配管,宜采用热镀锌钢管螺纹连接或塑料管材。埋设在地面垫层内或镶嵌在踢板内的管道,应根据系统工作压力、系统水质要求、材料供应条件、施工技术条件和投资费用等因素,选择采用以下塑料类管材:交联铝塑复合(XPAP)管、聚丁烯(PB)管、交联聚乙烯(PE-X)管、无规共聚聚丙烯(PP-R)管。

所选用的塑料管材应满足设计水温的要求,并参照《铝塑复合压力管(搭接焊)》、《铝塑复合管用卡套式铜制管接头》、《承接式管接头》、《建筑给水交联聚乙烯(PEX)管材》、《冷热水用聚丙烯管道系统》等有关标准执行。对散热器供暖系统使用条件分级的选择,应按不低于5级的要求。

系统中采用钢制散热器时,埋设在地面垫层内的管道,宜采用铝塑复合管,或采用有阻氧层的其他塑料类管材。

在垫层内埋设的管道,除采用下分双管式系统连接散热器处的 PB 管和 PP-R 管可采用相同材质的专用连接件进行热熔接外,其他管材和所有管材在其他部位均不应设置连接配件。

在垫层内埋设的管道上部覆盖层的厚度和构造,应确保防止地面因热作用而开裂。采取可靠的技术措施,防止地面二次装修时受到损坏。

放射双管式系统热媒集配装置处管道密集的部位,宜设置柔性套管等保温措施。

在户内上部空间或沿地面明装的管道,应排列有序、布置紧凑,便于用建筑装饰包覆,不得阻挡通道和影响其他室内设施或家具的合理布置。

3. 质量检验评定标准

(1) 塑料管的安装,应在有关技术规程及管材供应商提供的安装说明指导下进行,并应注意以下问题:

1) 塑料管材与金属管材在刚度、热伸长等方面的差异,其支吊架间距一般较小;

2) 塑料管材的线性膨胀系数比金属管材大十多倍,安装时应充分注意热膨胀问题;

3) 塑料管材安装时,宜尽量利用其可弯曲性减少接头数量,弯曲时应严格执行最小弯曲半径的要求;

4) 铜质管道连接件与塑料管材相连接并用于采暖系统时,常有渗漏现象发生,因此所选用的铜质管道连接件应有合理、可靠的密封方式;

5) 塑料管材安装及运行试验的要求不同于金属管材,应严格按有关规定执行。

(2) 户内管道暗埋敷设时,应注意下述问题:

1) 对于PP-R管和PB管除分支管连接件外,垫层内不宜设其他管件,且埋入垫层的管件应与管道同材质,热熔连接,对于不能热熔连接的PEX管、铝塑复合管垫层内不应设有任何管件和接头。

2) 暗埋敷设在垫层内的管道宜采用适当的绝热措施,以防止地面开裂。可采用在管道沟槽填充珍珠水泥等绝热材料的做法或外加塑料套管的办法。

3) 暗埋敷设管道应避免随意性,宜敷设在垫层预留沟槽内,用卡子妥善固定在地面上,并处理管道胀缩。

4) 散热器不宜设散热器罩,所采用的散热器应满足美观要求。散热器的选择宜选用非铸铁类散热器,必须采用铸铁散热器时,应选用树脂砂芯铸造工艺,并应对内壁清砂工艺提出严格要求;钢制散热器、铝合金散热器应有可靠的内防腐处理;强制对流式散热器不适合热分配表的安装和计量,因此散热器类型应与所采用的户内热计量方式适应。

2.3 地板辐射供暖技术

1. 概述

地板辐射供暖系统以低温热水为热媒,通过埋设于地板内的加热管把地板加热,均匀地向室内辐射热量,是对房间热微气候进行调节的节能采暖系统,具有热感舒适、热量均衡稳定、节能、免维修、方便管理等特点,是一种与人体取暖生理需求特征最为吻合,较为理想的供暖方式。

(1) 特点

与传统采暖方式相比,具有舒适、节能和环保等特点,主要优势在于:

1) 提高了采暖的舒适度,改善了生活质量:地板采暖为辐射式采暖,地面有效温度高于呼吸线空气温度,形成独特的微气候条件,使所提供的热量在人的脚部较强,头部温和,给人以脚暖头凉的最佳感觉,温度曲线符合人体生理学特点。

2) 有效节约能源:使用地板辐射供暖系统,人体实感温度比室内温度高出 $2\sim4℃$,这样 $16℃$ 的设计温度可达到一般采暖 $20℃$ 的采暖效果,住宅室内温度每降低 $1℃$,就可节约燃料 10%。地板辐射供暖系统可使人们同时感受到辐射温度和空气温度的双重效应,其室内温度梯度比对流采暖时小,因而可以大大减少屋内上部的热损失,热压减少,冷风渗透量也减小。在 $20℃$ 温度时停电停水,室内温度在 24 小时内仍可保持在 $18℃$ 左右。

3) 扩大了房间的有效使用面积:地板辐射供暖系统管道全部在地面以下,只要有一个 $600mm\times800mm$ 左右的分、集水器装在厨房窗下或暗柜里即可,可以自由地装修墙面、地面、摆放家具,建筑实用面积可增加。

4) 使用寿命长:地板辐射供暖系统塑料管埋入地面的混凝土内,如无人为破坏,使用寿命在 50 年以上,管道不腐蚀、不结垢,大大减少了暖气片跑水和维修给住户带来的烦恼,节约维修费用。

5）减少楼层噪声：目前隔层楼板一般选用预制板或现浇板，其隔声效果较差，楼上人走动，就影响楼下，采用地板辐射供暖系统楼板中增加了保温层，具有非常好的隔声效果，使用时可以做到寂静无声。

6）环保卫生：由于地板辐射供暖系统表面温度低，室内空气平均流速低于暖气片采暖，不会导致空气对流所产生的灰尘、细菌飘浮及积尘，可减少墙面物品或空气污染，环保卫生。

7）热源选择灵活：在能提供35℃以上热水的地方都可以应用地板辐射供暖系统。如工业余热锅炉水、各种空调回水、地热水等，都有使用的条件。

8）有利于实施分户热计量：地板辐射供暖系统方便实现温控，以及对用热总量进行分户计量。

（2）技术指标

地板辐射供暖技术应符合国家标准《建筑给水排水及采暖工程施工质量验收规范》（GB 50242—2002）、《地面辐射供暖技术规程》（JGJ 142—2004）的规定。

地板辐射供暖系统使用的管材要满足现行有关规定要求：

《冷热水系统用热塑性塑料管材和管件》（GB/T 18991）；《冷热水用交联聚乙烯（PE-X）管道系统》（GB/T 18992）；《冷热水用耐热聚乙烯（PE-RT）管道系统》（CJ/T 175）；《冷热水用聚丁烯（PB）管道系统》（GB/T 19473）；《冷热水用聚丙烯管道系统》（GB/T 18742）；《铝塑复合压力管》（GB/T 18997）。

（3）适用范围

本项技术适用于包括住宅、别墅、娱乐场所、餐厅、办公大楼等的采暖，室外停车场、道路（国外以高速公路为主）、飞机场等的融雪，以及足球场，游泳池的加热和采暖等。

（4）已应用的典型工程

地板辐射供暖技术在国内许多工程中得到普遍应用，1987年已在北京国际会议中心采用，比较典型的工程有国家大剧院、国家博物馆工程。

2. 施工技术

(1) 施工设计

1) 方案设计

①根据建筑施工图及相关数据,计算建筑物热负荷。

②与建筑其他相关专业(水、电、装饰等)协调地板辐射供暖系统设计有关间距。

③确定分、集水器位置。

2) 施工设计

①计算建筑物的有效散热负荷。

②计算建筑物的有效散热面积。

③系统布置及水力计算。

④其他附属设备选择。

⑤与相关专业会签,并经设计单位审定出正式施工图,如图2-3-1。

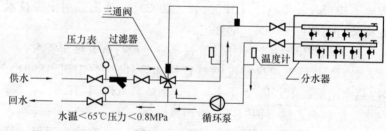

图 2-3-1 供回水系统图

3) 设计主要参数

①地板表面的平均温度:

A. 人员经常停留的地面,宜采用 24~26℃,温度上限值 28℃。

B. 人员短期停留的地面,宜采用 28~30℃,温度上限值 32℃。

C. 无人员停留的地面,宜采用 35~40℃,温度上限值 42℃。

②供回水温度:

A. 从安全和使用寿命考虑，民用建筑的供水温度不应超过60℃。

B. 供回水温差宜不大于10℃。

③热负荷：

A. 全面辐射采暖的热负荷，应按有关规范进行。对计算出的热负荷乘以0.9～0.95修正系数或将室内计算温度取值降低2℃均可。

B. 局部采暖的热负荷，应再乘以附加系数（采暖面积与房间总面积比值0.55、0.40、0.25，附加系数分别为1.30、1.35、1.50）。

④有效散热面：计算有效散热量时，必须重视室内设备（如卫生器具等）、家具及地面覆盖物对有效散热面积的影响，乘以适当修正系数。

⑤绝热层：楼板结构层间应设绝热层，宜采用复合苯板，密度不小于≥20kg/m³，厚度不宜小于20～30mm。

⑥填充层：

A. 加热管应采用卵石混凝土填充层覆盖。填充层的厚度（不包括面层厚度）一般应不少于60～70mm，保证加热管上皮卵石混凝土厚度不少于20～30mm。地面荷载大于20kN时，填充层应由结构设计确定加固措施。

B. 当面积超过30～40m² 或长度超过6～8m时，填充层宜设置5～8mm宽的膨胀缝，缝中填充弹性膨胀材料，但膨胀缝并不是越多越好，应合理设置。面积较大时，间距可适当增大，但不宜超过10m。

C. 加热管穿过伸缩缝时，宜设长度不大于100mm的柔性套管。

⑦压力：工作压力不宜大于0.8MPa，如超过应采取措施进行减压。

⑧流速：在设计选择参数时，加热管内水的流速不应小于0.25m/s，否则会产生气塞现象，最高则不超过0.5m/s。同一个集配装置的每个环路加热管长度应尽量接近并不宜超过120m，

避免造成阻力失衡和管材浪费。每一集配装置的分支路不宜多于8个，每个环路的阻力不宜超过30kPa。

⑨设计时还应注意以下几个问题：

A. 不同地面材质、散热量不同，为保证室温要求，设计时应尽量按散热量比石材低的木材板考虑，用户如选用石材做地面，也不会影响供暖效果。

B. 垂直相邻房间，除顶层外，各层均应按房间采暖热负荷扣除来自上层的热量，确定房间所需散热量。

C. 为使一户中各朝向房间室温的均衡，耗热量计算中应考虑方向附加及减少，外墙多的房间，热损失多，加热管必然密些。南向中间房间热损失少，管间距必然大些。

D. 合理划分环路区域，尽量做到分室控制，避免与其他管线交叉。

E. 对以独立式燃气炉为热源的系统，应控制管长不超过90m，以减少阻力，并特别注意阻力平衡和管内流速问题。

F. 加热管弯曲半径应不小于8倍管径，铺设方式根据情况合理选择，有直列型、旋转型、往复型等形式。加热管应敷设在具有阻燃、绝热、反射面层的专用材料上。

G. 为保证地面不裂，加热管间距不得小于100mm，局部过密处在管上皮10mm处加钢丝网；加热管（d16mm、d20mm）间距不宜大于300mm；加热管的设计间距应以房间的热工特性和保证室内温度均匀为基本原则。

H. 无论采用何种热源，地板采暖与供回水系统的温度、水量和所用压差等参数都应匹配。

I. 不同地面标高应分别设置分、集水器。分水器宜安装在房间中央区，高出供水管300～500mm，并配置排气阀。分、集水器应有可靠的流量平衡控制功能，有些进口产品还配有小型的增压水泵，以提高系统工作效果。

（2）施工工艺

由于地板辐射系统管材具有的良好特征，在标准层施工时基

2.3 地板辐射供暖技术

本可以按照固定模式进行安装。

为了进一步保证工程质量,在正式施工前先进行样板段的施工,由设计、施工、监理、管材厂家技术人员进行验收,作为施工依据。

结构剖面图如图 2-3-2,立面图如图 2-3-3。

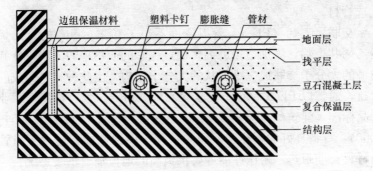

图 2-3-2 结构剖面图

1)施工工艺流程:安装准备→备料→铺复合苯板→铺钢网→固定钢网→排管→打压试验→浇捣混凝土→安装分、集水器→调试。

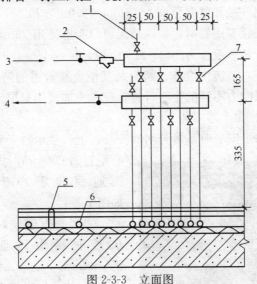

图 2-3-3 立面图

1—放风阀;2—过滤器;3—供水;4—回水;
5—膨胀带;6—卡钉;7—球阀

2）管材选用：《化学建材（塑料管道）技术与产品目录》有关供暖塑料管（含室内供暖和地板辐射采暖）推荐用管为交联聚乙烯（PE-X）管，交联铝塑复合管（X-PAP），无规共聚聚丙烯（PP-R）管等三种新型塑料管道，其中交联聚乙烯（PEX）管为优选管材。

交联聚乙烯（PE-X）管以密度不小于 $0.94g/cm^3$ 的聚乙烯或乙烯共聚物，添加适量助剂，通过化学的或物理的方法，使其线型的大分子交联成三维网状的大分子结构，由此种材料制成的管材，通常以 PE-X 标记。交联聚乙烯（PEX）管符合建设工业产品标准《建筑给水交联聚乙烯（PE-X）管材》（CJ/T 205—2000），具备良好的耐热、耐压及抗化学腐蚀性能，适用于对管道材料长期耐热、耐压性能等要求极高的地板辐射供暖系统。

塑料管材需通过国家化学建材测试中心（指定最高级别检测机构）进行性能检验。为确保管材的使用寿命达到 50 年，还应进行 110℃，环应力 2.5MPa，8760h 热性能稳定性加速老化测试。

通常用外径和壁厚分别为 16mm×2.0mm 和 20×2.0mm 的地板辐射供暖专用管材，特殊情况可以考虑使用 25mm×2.3mm 的管材。管长一般设为 100～120m/根，特殊 150m/根。

为保证对系统内设备、阀门及其他金属管道的防锈蚀保护，如选用阻氧能力不强的塑料管材，应考虑加设隔氧层。

3）分、集水器安装：

①当水平安装时，将分水器安装在上，集水器安装在下，中心距宜为 200mm，集水器中心距地面应不小于 300mm，如图 2-3-4。

②当垂直安装时，分、集水器下端距地面应不小于 150mm。

4）边角保温带安装：其安装高度是由地面做到高出豆石

图 2-3-4

混凝土层 10mm 标高。

5) 保温层铺设：铺设保温层前应清理、封闭现场，以确保施工安全与质量。首先依据土建基准线对结构施工时的地面标高及预留洞口进行复核，地面平整干净（由于地面不平，有时需要剔凿），合格后才能铺设保温层。

保温层铺设要平整、搭接严密，对有接缝的地方要用胶带粘接，保证一块地板供暖区域保温层的完整性。

保温层上宜覆有热反射薄膜。

6) 管道环路铺设：加热管前应按设计图纸的要求进行放线，按照现场施工的长度剪切配管，要采用专用工具断管，断口应平整，断口面应垂直于管轴线。

施工时要严格按照图纸设计的管道走向、间距进行施工。管间距安装误差不应大于 10mm，管道安装不得出现"死折"，塑料管及铝塑复合管的弯曲半径不宜小于 6 倍管外径。

加热管固定有多种方法，如：可以用专用管卡固定在保温层上；用扎带绑缚于铺设在保温层上的网格（一般多采用钢丝网）上面；直接铺设在保温层专用管架上；铺设在保温层的凹槽内。

加热管固定间距不应大于 700mm，弯曲管段不应大于 300mm，弯曲部位要用管卡进行固定。

加热管排列比较密集的部位，当管间距小于 100mm 时，加热管外部应采取设置柔性套管等措施，以防止局部地面温度过高。

加热管出地面至分、集水器连接处。弯管部分不宜露出地面装饰层。加热管出地面至分、集水器下部阀门接口之间的明装管段，外部应加装塑料套管。套管应高出装饰地面 150～200mm。

加热管与分、集水器连接，应采用卡套式、卡压式挤压夹紧连接；连接件材料宜为铜质；铜质连接件与 PP-R 或 PP-B 直接接触的表面必须镀镍。为了确保不发生渗漏，加热管的连接使用必须采用配套供应的专用配件。

加热管的环路布置（图2-3-5）不宜穿越填充层内的伸缩缝。

图 2-3-5

必须穿越时,伸缩缝处应设长度不小于 200mm 的柔性套管。

7) 水压试验:水压试验之前应对试压管道进行冲洗,保证管道内无杂物,冲洗时要将分、集水器(连同管道与分、集水器连接的阀门、压力表及温度计)与系统管道隔离,以防杂质将分、集水器堵塞。

试验压力应为工作压力的 1.5 倍,且不应小于 0.6MPa。在试验压力下稳压 1h,其压力降不应大于 0.05MPa。

水压试验应按下列步骤进行:

①经分水器缓慢注水,同时将管道内空气排出。

②充满水后,进行水密性检查。

③采用手动泵缓慢升压,升压时间不得小于 15min。

④升压至规定试验压力后,停止加压。稳压 1h,观察有无漏水现象。

8) 膨胀缝安装:

①在与内外墙、柱等垂直构件交接处应留不间断的伸缩缝,伸缩缝填充材料应采用搭接方式连接,搭接宽度不应小于 10mm;伸缩缝填充材料与墙、柱应有可靠的固定措施,与地面绝热层连接应紧密,伸缩缝宽度不宜小于 10mm。伸缩缝填充材料宜采用高发泡聚乙烯泡沫塑料。

②当地面面积超过 $30m^2$ 或边长超过 6m 时,应按不大于 6m 间距设置伸缩缝,伸缩缝宽度不应小于 8mm。

③伸缩缝宜采用高发泡聚乙烯泡沫塑料或内满填弹性膨胀膏。

④伸缩缝应从绝热层的上边缘做到填充层的上边缘。

⑤为避免地面因受热膨胀而被损坏,当采用大理石和花岗石等不允许留明缝的地面时,可将沿缝处板的角除去 40°,留出变

形空间。

9）回填豆石混凝土：管道系统试压合格后，进行豆石混凝土填充层施工，混凝土强度等级应不小于C15，卵石粒径宜不大于12mm。为防止混凝土受热后龟裂，混凝土中要加入添加剂。

混凝土填充层施工过程中，管道系统应保持不小于0.6MPa的压力，填充层养护过程中，管道系统应保持不小于0.4MPa的压力。

要特别注意伸缩缝的留置情况，加热管挤压情况，豆石混凝土浇捣质量等，若管道发生损坏要及时发现和处理。

填充层的养护周期应小于48h。

10）二次水压试验：混凝土填充层养护期满之后，做第二次水压试验，试验压力0.6MPa，稳压1h无漏水现象后加压至工作压力1.5倍，15min压力降不超过0.05MPa无渗漏为合格。

11）系统调试：在开始供水或使用过程中，管道中可能积存空气，影响效果，这时可打开分集水器的放气阀，将气体排出，方法和传统供热系统相同。

调试前应进行系统冲洗，冲洗前应先将系统中的各类阀件、组件（温度计、压力表等）以及温控阀拆下，冲洗时要注意水质，按照先干管后系统的顺序进行，以免把杂质带入系统。冲洗时系统内水流速度应大于1.5m/s进行冲洗。

系统冲洗完成后，且混凝土填充层养护期满后即可进行地板辐射供暖系统的调试运行。

系统调试要满足《地面辐射供暖技术规程》（JGJ 142—2004）的要求，即"初始加热时，热水升温应平缓，供水温度应控制在比当时环境温度高10℃左右，且不应高于32℃；并应连续运行48h；以后每隔24h水温升高3℃，直至达到设计供水温度。在此温度下应对每组分、集水器连接的加热管逐环路进行调节，直至达到设计要求。"

运行期间应定期检查过滤器、温度计、压力表等是否正常工作，若失灵应及时检修。

若初始供水温度较高，可开大供回水总管路之间旁路阀门，使得回水进入供水管路中，充分利用系统回水温度进行调节。

各支路的水流量可以通过调节各支路上的球阀调节，并以此达到控制各部分温度的目的，但调节时应慎重以免影响其他支路。

地板辐射供暖系统的供暖效果，应以房间中央离地 1.5m 处黑球温度计指示的温度作为评价和考核的依据。

12) 工程验收：工程验收由主管单位组织施工、设计、监理、建设及有关单位联合进行。管道安装完毕，如为初装饰工程，应在墙面上标出管道走向标线，以免二次装修时损坏管道。

(3) 安全技术

管道应进行遮光包装后运输，不得裸露散装，运输、搬运应小心轻放；不得暴晒雨淋，宜存储在温度不超过 40℃，通风良好和干净的库房内。管材应码放在平整的场地上，垫层高度要大于 100mm，产品堆放高度不超过 1.5m，防止泥土和杂物进入管内。

各类塑料管、绝缘材料不得直接接触明火。

地板辐射供暖系统施工不宜与其他施工作业同时交叉施工。

不得在地板辐射供暖系统作业区域运行重载荷物体和高温物体，若重载（含搭设脚手架）应铺设跳板。地面层上要求通行载重汽车或放置重物时，可在加热管上加一层钢筋网水泥现浇层（由结构专业配合确定其厚度与钢筋直径）。施工完成的作业面严禁大力敲打、冲击。

铺有管道的地面严禁敲砸、撞击等，严禁在地面上楔入任何尖锐物，以防损坏加热管。

严禁在分、集水器附近及铺设了加热管的地面上放置高温热源，以防破坏管道系统。冬天不采暖时应注意保护，防止分、集水器部件开裂及采暖管中的水结冰堵塞管道。

3. 质量检验标准

(1) 地板辐射系统管道安装的质量验收应符合设计要求和《建筑给水排水及采暖工程施工质量验收规范》（GB 50242—

2002)、《地面辐射供暖技术规程》(JGJ 142—2004)的规定。

(2) 加热管埋地部位不应有接头。隐蔽前现场查看,全数检查。

(3) 加热盘管水压试验应符合上述规范第 8.5.2 条规定。试验压力为工作压力的 1.5 倍,但不小于 0.6MPa。稳压 1h 内压力降不大于 0.05MPa,且不渗不漏。

(4) 加热盘管弯曲部分不得出现硬折弯,曲率半径符合下面规定:塑料管不应小于管道外径的 8 倍,复合管不应小于管道外径的 5 倍。尺量和观察,全数检查。

(5) 分、集水器型号、规格、公称压力及安装应符合设计要求。对照图纸及产品说明书,尺量检查,全数检查。

(6) 加热盘管安装应符合设计要求,间距偏差不大于 $\pm 10mm$。拉线和尺量检查。

(7) 防潮层、防水层、隔热层、伸缩缝应符合设计要求。填充层浇灌前观察检查。

(8) 填充层混凝土强度等级应符合设计要求。做混凝土试块抗压强度试验,检查试压报告。

2.4 冰蓄冷与低温送风技术

1. 概述

随着用电结构的变化,工业用电比重相对减少,城市生活商业用电快速增长,造成电网高峰限电,低谷电用不上的问题也越来越突出。电网的峰谷差占高峰负荷的比例已高达 25%～30%。为鼓励用户削峰填谷,电力部门同地方制订了峰谷电价政策,将高峰电价与低谷电价拉开,使低谷电价只相当于高峰电价的 1/2～1/5,鼓励用户使用低谷电,这项政策目前已在部分地区实施,并将推广至全国。

在电力供应紧张的情况下,峰谷电价政策的实施,为蓄冷空调技术提供了广阔的发展前景。

空调系统在不需要能量或用能量小的时间内将能量储存起来，在空调系统需求大量的冷量时，就是利用蓄冰设备在这时间内将这部分能量释放出来。根据使用对象和储存温度的高低，可以分为蓄冷和蓄热。

结合电力系统的分时电价政策，以冰蓄冷系统为例，在夜间用电低谷期，采用电制冷机制冷，将制得冷量以冰（或其他相变材料）的形式储存起来，在白天空调负荷（电价）高峰期将冰融化释放冷量，用以部分或全部满足供冷需求。每1千克水发生1℃的温度变化会向外界吸收或释放1千卡的热量，为显热蓄能；而每1千克0℃冰发生相变融化成0℃水需要吸收80千卡的热量，为潜热蓄能。很明显，同一物质的潜热蓄能量（相变温度）大大高于显热蓄能量（1℃温差），因此采用潜热蓄能方式将大大减少介质的用量和设备的体积，因此，本文着重讨论以冰为蓄冷介质、利用冰相变潜热储冷的冰蓄冷空调。

冰蓄冷空调系统主要就是利用水结成冰的潜热进行工作，工作原理示意图如图2-4-1。

（1）冰蓄冷系统具有以下特点：

①冰蓄冷系统冷冻站房初投资高于常规空调工况冷冻站房初投资；

②采用冰蓄冷空调系统可以节约运行费用；

③以空调设备运行年限20年计，蓄冰系统经济效益非常可观。

④系统的工作压力和温度较低，安全可靠。机组采用智能控制，实行远程监控，无须专人值守，便于管理；

⑤采用蓄冰系统削峰填谷，可避免变压器夜间空载运行，减少不必要的损失；

⑥随着国家电力政策对削峰

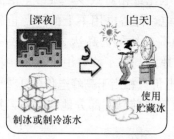

图2-4-1 冰蓄冷示意图

填谷的进一步倾斜,鼓励用户使用蓄冷空调技术,电力部门将采取一系列的优惠政策,用户将获得更大的投资收益;

⑦蓄冰系统作为相对独立的冷源,增加了集中空调系统的可靠性。

(2) 技术指标符合以下现行标准:

《建筑设备施工安装通用图集制冷工程》(91SB7-1)

《冰蓄冷系统设计与施工图集》(06K610);

《空调用电制冷机房设计与施工》(07R202);

《通风与空调工程施工质量验收规范》GB 50243)

《通风管道技术规程》(JGJ 141);

《制冷设备、空气分离设备安装工程施工及验收规范》(GB 50274);

《给水排水管道工程施工及验收规范》(GB 50268)。

(3) 适用范围:

①执行峰谷电价,且差价较大的地区;

②非全日制空调工程或间歇使用且时间较短的空调工程;

③空调负荷峰谷悬殊且在电力低谷时段负荷较小的连续空调工程;

④无电力增容条件或限制增容的空调工程;

⑤某一时段限制空调制冷用电的空调工程;

⑥要求部分时段备用(应急)冷源的空调工程;

⑦要求供应低温冷水或采用低温送风的空调工程;

⑧区域性集中供冷的空调工程。

(4) 已应用的典型工程:北京金融街国际金融中心,北京光彩国际中心,北京电力医院等。

冰蓄冷空调技术对平衡电力供需、为削峰添谷作出了贡献,但从制冷系统本身看,处于低温工况的运行则是以牺牲制冷机组的效率为代价的。为此,需要在空调末端的空气处理过程中,尽可能地有效利用低温冷冻水来提高整个系统的效率,弥补制冷机组的低效率,从而使整个系统更趋合理高效,使得冰蓄冷空调系统的优势得以发挥。因此,冰蓄冷系统一般都与低温送风技术相结合,达到减少初投资,降低运行费用,节省建筑空间的目的。另外,低温送风系统一次风的处理温度低,因此送风含湿量也低,可提高室内舒适度。

低温送风空调方式是指从集中空气处理机组送出较低的一次风,经高诱导比的末端送风装置进入空调房间,它是相对于常规送风而言的。常规送风系统从空气处理器出来的空气温度为10~15℃,而低温送风空调方式的送风温度为3~11℃。送风温度降低后,送风量减小,从而设备选型相应减小,管路截面减小,达到了减小初投资、降低运行费用、节省建筑空间的效果。

2. 工程构造

(1) 冰蓄冷系统按蓄冷类型可分为全蓄冷和部分蓄冷。

全蓄冷方式其蓄冷时间与空调时间完全错开,在夜间非用电高峰期,启动制冷机进行蓄冷,当冷量达到空调所需的全部冷量时,制冷机停机;在白天空调时,蓄冷系统将冷量供给空调系统。空调期间制冷机不运行。全负荷蓄冷时,蓄冷设备要承担空调所需要的全部冷量,故蓄冷设备的容量较大初次投资费用高,该运行策略适用于白天供冷时间较短的场所或峰谷电差价很大的地区。

部分蓄冷方式是在夜间非用电高峰时制冷设备运行,储存部分冷量,白天空调期间一部分空调负荷由蓄冷设备承担,在设计计算日(空调负荷高峰期)制冷机昼夜运行。部分蓄冷制冷机利用率高,蓄冷设备容量小,制冷机比常规的空调制冷机容量小30%~40%,是一种更经济有效的运行模式。

蓄冷系统需要在几种规定的方式下运行,以满足供冷负荷的要求,常用的工作模式有如下几种:

1) 机组制冰模式:在此种工作模式下,通过浓度为25%的乙二醇溶液的循环,在蓄冰装置中制冰。此间,制冷机的工作状况受到监控,当离开制冷机的乙二醇溶液达到最低出口温度时制冷机关闭。

2) 制冰同时供冷模式：当制冰期间存在冷负荷时，用于制冷的一部分低温乙二醇溶液被分送至冷负荷以满足供冷需要。一般情况下，这部分的供冷负荷不宜过大，因为这部分冷负荷的制冷量是制冷机组在制冰工况下运行提供的。蓄冷时供冷在能耗及制冷机组容量上是不经济合理的，因此，只要此冷负荷有合适的制冷机组可选用，就应设置基载制冷机组专供这部分冷负荷。

3) 单制冷机供冷模式：在此种工作模式下，制冷机满足空调全部冷负荷需求。出口处的乙二醇溶液不再经过蓄冰装置，而直接流至负荷端，设定温度由机组维持。

4) 单融冰供冷模式：在此工作模式下，制冷机关闭。回流的乙二醇溶液通过融化储存在蓄冷装置内的冰，被冷却至所需要的温度。在全部蓄冷运行策略下，融冰供冷是基本的运行方式，它的运行费用是最低的，但是要求有足够大的蓄冷装置的容量，初投资费用会较大。

5) 制冷机与融冰同时供冷：在此工作模式下，制冷机和蓄冰装置同时运行满足负荷需求。按部分蓄冷运行策略在较热季节需要采用该种工作模式，才能满足供冷要求。该工作模式又分成两种情况，即机组优先和融冰优先。

①机组优先：回流的热乙二醇溶液，先经制冷机预冷，而后流经蓄冷装置而被融冰冷却至设定温度。

②融冰优先：从空调负荷端流回的热乙二醇溶液先经蓄冷装置冷却到某一中间温度而后经制冷机冷却至设定温度。

制冷机优先控制策略实施简便，运行可靠，能耗低，制冷机组一直处于满负荷运行，机组利用率高，机组和蓄冰槽的容量最小，投资最节省。蓄冰装置优先控制策略能尽量发挥蓄冰装置的释冷供冷能力，有利于节省电费，但能耗较高，在控制程序上复杂。

(2) 冰蓄冷系统蓄存冷量的方式有多种，可分为冰盘管型蓄冰（内融冰、外融冰）、封装式（冰球、冰板式）蓄冰、冰片滑落式蓄冰、冰晶式蓄冰等。

2. 新型空调和采暖技术

盘管蓄冰装置有蛇行盘管、椭圆截面蛇行盘管、圆形盘管、U形盘管等；封装式蓄冰装置是将蓄冷介质封装在球形或板形小容器内，并将许多蓄冷小容器密集的放置在密封罐或开式槽体内。载冷剂在小容器外流动，将其中蓄冷介质冻结或融化。这种方式运行可靠，单位取冷率高，流动阻力小，载冷剂充注量大。冰片滑落式蓄冷是指在制冷机的板式蒸发器上淋水，其表面不断冻结薄冰片，然后滑落至蓄冰槽内储存冷量。冰晶式蓄冷是将低浓度制冷剂经制冰机冷却至冻结点温度以下，产生细小均匀的冰晶，与载冷剂形成泥浆状的冰水混合物，储存在蓄冷槽内。冰片滑落式蓄冷和冰晶式蓄冷同属于动态蓄冰方式，其融冰速率高，供冷温度低，制冷与供冷可同时进行。

（3）按照蓄冰装置制冷主机的相对位置，冰蓄冷系统工作流程有并联、串联两种形式。

并联系统两个设备均处在高温端，能均衡发挥各自的效率。融冰泵可采用变频控制，所有电动阀双位开闭；但其配管、流量分配、冷媒温度控制、运转操作等较复杂，适宜全蓄冷系统和供水温差小（5～6℃）的部分蓄冷系统。基本原理如图2-4-2。

串联系统主机与蓄冰装置串联布置，控制点明确，运行稳定，可提供较大温差（≥7℃）供冷。

1）主机上游串联系统：制冷机处于高温端，制冷效率高，而蓄冰装置处于低温端，融冰效率低，适合融冰特性较理想的蓄冰装置或空调负荷平稳变化的工程。典型系统图如图2-4-3。

2）主机下游串联系统：制冷机处于低温端，制冷效率低，而蓄冰装置处于高温端，融冰效率高，适合融冰特性欠佳的蓄冰装置、封装式蓄冰装置或空调负荷变幅较大的工程。典型系统图如图2-4-4。

3）外融冰系统：外融冰系统为开式系统，蓄冰装置内的水为动态，效率高，融冰效率大，释冷温度为1～3℃，适合工业用冷水和区域供冷空调工程。典型系统图如图2-4-5。

2.4 冰蓄冷与低温送风技术

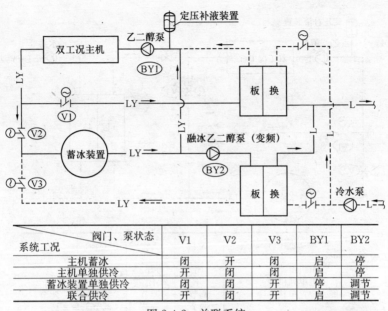

阀门、泵状态 系统工况	V1	V2	V3	BY1	BY2
主机蓄冰	闭	开	闭	启	停
主机单独供冷	开	闭	闭	启	停
蓄冰装置单独供冷	闭	闭	开	停	调节
联合供冷	开	闭	开	启	调节

图 2-4-2　并联系统

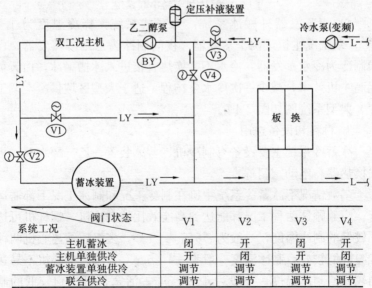

阀门状态 系统工况	V1	V2	V3	V4
主机蓄冰	闭	开	闭	开
主机单独供冷	开	闭	开	闭
蓄冰装置单独供冷	调节	调节	调节	调节
联合供冷	调节	调节	调节	调节

图 2-4-3　主机上游串联系统

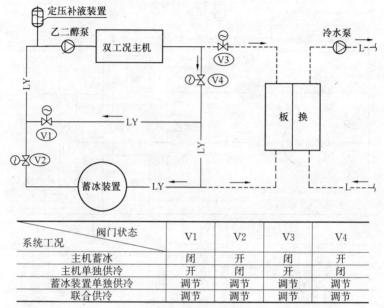

阀门状态 系统工况	V1	V2	V3	V4
主机蓄冰	闭	开	闭	开
主机单独供冷	开	闭	开	闭
蓄冰装置单独供冷	调节	调节	调节	调节
联合供冷	调节	调节	调节	调节

图 2-4-4 主机下游串联系统

4）双蒸发器外融冰系统：为开式系统，释冷温度为1～3℃。双工况主机设两个蒸发器，夜间制冰为乙二醇蒸发器，白天制冷为冷水蒸发器：冷水不需换热直接进入冰槽融冰，白天可提高主机效率，减少一次冷水泵扬程，适于大型区域供冷空调工程。典型系统图如图 2-4-6。

3. 材料和设备选用

冰蓄冷系统主要设备有制冷机、蓄冰装置、乙二醇水泵、板式换热器、电动阀门等。

多数情况下冰蓄冷系统主机在制冷工况和制冰工况下都需运行，应兼顾这两种工况都能达到高能效比的制冷机。螺杆机可达到较低的制冰温度，一般为-5.5～-7℃，多级压缩离心机两种工况性能较好，制冰温度一般为-4～6.5℃，单级离心机不易达到较低的制冰温度，一般为4～-3℃，活塞机可达到较低的制冰温度，一般为-5～-8℃，但容量较小。制冰量也是选择冷机

2.4 冰蓄冷与低温送风技术

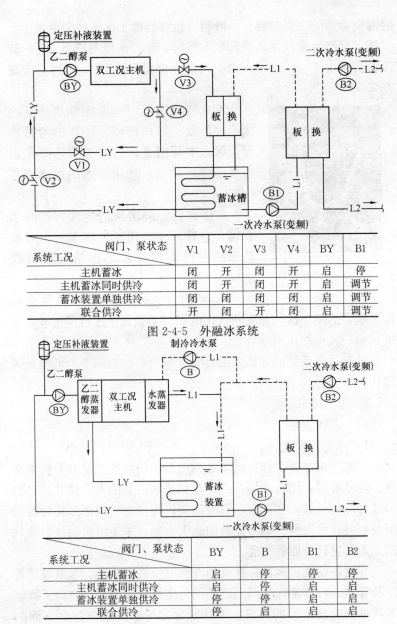

系统工况 \ 阀门、泵状态	V1	V2	V3	V4	BY	B1
主机蓄冰	闭	开	闭	开	启	停
主机蓄冰同时供冷	闭	开	闭	开	启	调节
蓄冰装置单独供冷	闭	闭	闭	闭	启	调节
联合供冷	开	闭	开	闭	启	调节

图 2-4-5 外融冰系统

系统工况 \ 阀门、泵状态	BY	B	B1	B2
主机蓄冰	启	停	停	停
主机蓄冰同时供冷	启	停	启	启
蓄冰装置单独供冷	停	停	启	启
联合供冷	停	启	启	启

图 2-4-6 双蒸发器外融冰系统

时需要参考的主要参数。一般制冷机在制冰工况下的制冷量小于空调工况制冷量，在其他参数不变时，蒸发温度每降低1℃，制冷量会减少2%～3%。另外，冷凝温度每降低1℃，产冷量能提高1.5%。

图 2-4-7 蓄冰盘管

蓄冰装置选用时应考虑到机房场地大小、位置、结构荷载、计算出的蓄冷量、融冰率等因素，根据工程需要作出技术经济比较后，选用合适的蓄冰装置（图 2-4-7）。

考虑到乙二醇溶液的物理特性与水有较大差异，在选用乙二醇泵、板式换热器的时候应根据乙二醇溶液的特性选取。

电动阀门的选取必须严格，要求动作灵敏，启闭灵活，起关断作用的阀门必须逐个进行严密性、强度试验，其他按比例抽查。

低温送风系统的送风末端设备、风口等应选用专为低温送风设计的产品。

4. 施工技术

(1) 系统安装

1) 冰蓄冷系统

①施工前准备工作：施工之前应根据设计图纸及有关技术文件、规范要求，结合现场条件，参照采购设备的大小尺寸，对机房进行深化设计，实现现场管线的最优化排布。根据深化后的图纸及相关技术资料，编写完善的施工方案、施工组织设计，并对施工人员进行全面的交底。

②设备安装：冰蓄冷系统的冷机、板式换热器、水泵等设备以及管道一般与常规空调系统相同，应符合《通风与空调工程施工质量验收规范》的要求，另外对冰蓄冷系统还应符合下面的要求。

钢制冰盘管式蓄冷设备的安装时（图2-4-8），盘管运输倾斜角度不应大于30°；封装式蓄冷设备的安装时，冰球装罐时应防止冰球与人孔、钢铁、混凝土等物体相碰击和冰球之间的互相撞击，安装时严禁杂物进入罐内；整装蓄冷设备在临时存放及运输过程中，与设备底面的接触地面应平整，防止损坏设备底面；整装蓄冷设备的基础

图 2-4-8　蓄冰盘管安装效果

应平整，倾斜度不大于1/1000；整装蓄冰设备不得用焊接的方式进行盘管连接，防止破坏蓄冰设备的保温和衬层。设备安装不应用加垫片的方式进行找平，应采用高强度水泥砂浆找平找正；整装蓄冷设备底部与基础之间应加设绝热保温措施；系统冲洗时，不应经过蓄冷设备；蓄冰盘管安装完毕应做气密性试验。结构蓄冰槽一般应交由土建专业施工，防水作业应由有专门资质的施工队伍承担。在蓄冰槽内进行设备安装时，应特别注意不对防水层产生破坏。现场制作开式蓄冰装置时应符合下列规定：A. 顶部应预留检修口；B. 槽内宜做集水坑，用于进行冲洗、检修时排水；排水泵可采用固定安装或移动安装方式；C. 应安装注水管，最低处应设置排污管，并在排污管上加设阀门。蓄冰装置的定位必须确保它与邻近的墙壁或设备有足够的间隙，以便人员出入进行检修。

现场制作闭式蓄冰槽时应符合《钢制压力容器》(GB 150—98)的规定。冰片滑落式蓄冷系统的散装机组现场安装时，布水器水平度误差不应大于1/1000，蒸发板垂直误差不应大于1/1000，各管道应按设备说明书连接。低温送风系统中的风机盘管，应按照《风机盘管机组》(GB/T 19232—2003)在相应低温工况下逐项检验合格。

③阀部件安装：冰蓄冷系统必须通过阀门的开关实现各工况的转换，这是系统的关键部件，因此，必须遵守以下几点。

A. 管路系统中所有的手动和电动阀，均应保持其动作的灵活并且严密性好，既无外漏也无内漏；在整个系统制冰过程中，乙二醇侧在一定阶段内会在低温范围内，在板换的另一侧的冷冻水通常为高温静止状态；如果板换的乙二醇侧关闭不严有泄漏，会造成板换冷冻水一侧结冰，冻裂设备。

B. 电动阀门建议设置必要的手动装置，以防电动调节失灵时可进行手动操作。

C. 电动阀门应严格按照设计要求的压力来选择，并核实阀门的阀板所能承受的压力；

D. 电动阀门的两侧应设置检修阀，以便系统检修。

盘管类蓄冰设备的进液口必须安装过滤器，且过滤器的滤网应满足盘管厂家提出的要求。

④保温施工：冰蓄冷系统的保温材料应采用闭孔型保温材料，且为不燃或难燃材料。

在冰蓄冷系统中，管道内乙二醇溶液的温度较低，施工时应杜绝冷桥的产生，除了管道的保温外，其他的管道附件（阀门、阀杆、法兰、软接头等）以及水泵、板换均应做好保温措施。

⑤自控系统传感器的安装：应严格按照传感器的安装要求来安装，做到安装位置合理，安装方向正确。

2) 低温送风系统

低温送风系统风管制作安装、阀部件制作安装应满足《通风与空调工程施工质量验收规范》或《通风管道技术规程》的要求，另外对以下几点应特别引起重视：

①控制风管制作安装工艺，降低风管系统漏风量：由于低温送风有防结露的特殊要求，对风管严密性要求很高。美国SMACNA标准规定了低温送风允许漏风量，其最高要求（即送风温度为4℃）为在送风压力是900Pa时，风管漏风量低于 $0.9137m^3/(m^2 \cdot h)$，《通风管道技术规程》中要求低温送风管道的漏风量应按中压系统进行考虑。控制风管的严密性，应着重

抓好风管的加工工艺（建议使用成形生产线进行机械加工）、安装操作过程以及漏风量测试等工作。

②保温可靠，防止冷桥现象：较低的送风温度造成风管外表面与周围空气的温差增加，增加了风管表面结露的可能性，所以，低温送风系统对保温施工工艺提出了较严格的要求。保温材料的厚度、保温性能参数必须满足设计要求。保温层的施工应连续，保温时板材拼接缝隙不得大于2mm。风管法兰处要在保温层外另加一层保温条，防止法兰处肋片效应传冷，产生冷凝水。

③系统内风机盘管、风口（图2-4-9）等设备、部件应选用专为低温送风系统设计的定型产品。

(2) 系统调试及运行

冰蓄冷系统的调试与常规系统一样，也应在设备、管道、保温、配套电气等施工全部完成、各设备单机调试合格的基础上进行。调试及检测宜在夏季进行，联合调试宜在最热月或与设计室外参数相近的条件下进行。正式调试前，应对设计要求的各个运行模式进行试运行，试运行一个蓄冷—释冷周期后，应作不少于两个蓄冷—释冷周期的工况测试。系统联合调试合格应满足以下条件（图2-4-10）：

图2-4-9 低温送风风口　　图2-4-10 系统调试蓄冰槽内蓄冰形成

①单体设备及主要部件联动符合设计要求，动作协调、正确，无异常；

②各运行模式下系统运行正常、平稳，所有运行参数满足设

计要求；各运行模式转换时动作灵敏、正确；

③系统运行过程中管路无泄漏及产生冷凝水现象；

④各项系统保护措施反应灵敏，动作可靠；

⑤各自控计量、检测元件及执行机构应工作正常，对系统各项参数的反馈及动作正确、及时。

蓄冷系统经过调试验收后可投入运行。

运行人员应经培训、考核合格，并按规定取得相应级别的操作证后方可上岗操作。运行操作应按照系统集成商和产品制造厂家提供的使用说明、操作规程以及设计文件的规定进行。

使用单位应根据冷负荷特点，系统特性及电力供应状况等因素经技术经济比较，对原设计制定的运行策略进行调整，制定合理的全年运行策略，并制定相应的操作规程。在日常运行中，应根据日冷负荷变化的特点选择合理的运行策略。

对于蓄冷空调系统，应充分利用电网的低谷时段电力，然后再考虑进入平时段的运行。

在有基载制冷机的蓄冷空调系统中，在用电低谷段时应充分利用基载制冷机直接供冷。在用电高峰时段，宜尽量少开或停止基载制冷机的直接供冷，充分发挥融冰供冷的运行模式的作用。

定期检修、保养制冷机，提高使用时的制冷性能系数（COP）。

蓄冷空调系统的乙烯乙二醇水溶液应在使用后的每年进行一次抽样测试分析，使系统中的乙烯乙二醇水溶液浓度和碱度满足要求。

自动控制设备及监测计量仪表应定期维修、校核并形成记录。

低温送风系统的运行调试应满足《通风与空调工程施工质量验收规范》（GB 50243—2002）的要求。

2.5 变风量空调技术

1. 概述

变风量空调系统（Variable Air Volume System，简称 VAV 系统）是通过改变送风量而不是送风温度来调节和控制某一空调区域温度的一种空调系统。变风量空调系统是属于全空气式的一种空调方式，该系统是通过变风量阀调节送入房间的一次风量，并相应调节空调机组（AHU）的处理风量来控制某一空调区域温度的一种空调系统。由于空调系统大部分时间在部分负荷下运行，所以，风量的减少带来了风机能耗的降低。变风量空调系统追求以较少的能耗来满足室内空气环境的要求。

(1) 特点

变风量空调系统可以做到舒适、节能、安全和方便，有如下优点：

1) 以人为本，使用舒适，方便改善工作环境：能实现局部区域（房间）的灵活控制，可根据负荷的变化或个人的舒适要求自动调节自己的工作环境。

2) 节约风机运行能耗和减少风机装机容量：由于变风量空调系统通过调节送入房间的风量来适应负荷的变化，同时在确定系统总风量时还可以考虑一定的同时使用情况，所以能够节约风机运行能耗和减少风机装机容量。

3) 系统的灵活性较好：系统的灵活性较好，易于改、扩建，尤其适用于格局多变的建筑，例如出租写字楼等。当室内参数改变或重新隔断时，可能只需要更换支管和末端装置，移动风口位置，甚至仅仅重新设定一下室内温控器。

4) 利用新风消除室内负荷，卫生好：变风量空调系统属于全空气系统，它具有全空气系统的一些优点，可以利用新风消除室内负荷，没有风机盘管凝水污染吊顶以及霉菌问题。

5) 变风量空调系统适合多房间且负荷有一定变化的建筑：

对于建筑上分为内外区，房间较多，朝向不同，负荷有较大变化的情况，变风量空调系统可以在最大限度上保证所有房间的使用，室内避免出现过热或过冷的现象。

（2）技术指标

变风量空调技术应符合国家标准《采暖通风与空气调节设计规范》（GB 50019—2003）、《通风与空调工程施工质量验收规范》（GB 50243—2002）的规定。

（3）适用范围

本项技术适用于包括高层建筑、大型公共建筑等。这些建筑通常是负荷变化较大的建筑，多区域控制的建筑及公用回风通道的建筑。

（4）已应用的典型工程

变风量空调技术在国内许多工程中（多由外方设计师指导设计）得到较多应用，比较典型的工程有北京国贸中心、凯晨广场、金融街北京银行大楼、财富中心等。

2. 施工技术

（1）施工设计

1）方案设计：变风量空调系统可基本分为单风道，双风道系统。单风道系统又可分为再热、诱导、风机动力、双导管和可变散流器等多种调节形式。典型的单风道变风量空调系统，除了送、回风机、末端装置、阀门及风道组成的风路外，还有四个反馈控制环路（室温控制、送风静压控制、送回风量匹配控制及新排风量控制）。

从表面上看，似乎变风量空调系统只不过比定风量系统多了一些末端装置和风量调节功能。可是，就因为变风量空调系统风量的变化和增加的末端设备，使得变风量空调系统从方案设计到设备选择、施工图设计，直到施工和调试都具有不同于定风量系统的特殊性。

变风量空调系统的三大要素是：变风量末端装置（VAV Box）、周边供暖方式、自动控制。这三者缺一不可相互依存，

2.5 变风量空调技术

对于某一个具体的变风量空调系统而言，必然存在这三大要素的不同组合，由于种类繁多，本文仅对常见的几种组合方式进行说明。

2) 变风量末端装置（VAV Box）

①节流型和风机动力型：节流型是最基本的变风量末端装置类型，所有变风量末端装置的"心脏"就是一个节流阀，加上对该阀的控制和调节元件以及必要的面板框架就构成了一个节流型变风量末端装置（图2-5-1）。

图 2-5-1 变风量末端装置

节流阀在小风量的情况下，通常做成单叶风阀，通过调节风阀的开度来调节风量，这是最常见的一种方式，也可以在一个文丘里式的套管内装上一个可以沿轴线方向滑动的阀芯，通过其位移改变气流通过的截面积来调节风量，或者采用气囊型的调节原理是通过静压调节气囊的膨胀程度达至调节器风量的目的。

风机动机型是在节流型变风量末端装置中内置加压风机的产物。风机动力型根据加压风机和变风量阀排列方式分为串联和并联两种形式。串联风机型是将风机和变风量调节阀串联内置，一次风既通过变风量阀又通过风机加压，同时诱导吊顶内部分回风。并联风机型是将风机和变风量阀并联内置；一次风只通过变风量阀，而不需要通过风机加压。

②"压力相关"和"压力无关"：变风量末端装置可以是"压力相关"型也可以是"压力无关"型。压力无关型是指对于任何给定的位置，不管系统的静压是多少，控制器都会保持一个恒定的风量，这个风量值可以是从最小设定风量到最大设定风量之间任何中间值。因为大部分变风量空调系统中风道内静压会出现变化，而用压力无关型变风量装置可准确控制进入调节区域的

空调风量，从而人体舒适感强、节能效果也好，所以目前压力无关型变风量末端装置使用较多。压力无关型变风量末端装置的控制由变风量末端装置入口的多点速度控制器、入口风道传感器、风阀马达及室内温度控制器组成。

3）周边供暖方式

①内部区域单冷系统：对于设计区分出内外区的建筑，在空调内区采用的变风量空调形式，是单冷的，不带有供热功能，这也是以下考虑各种周边供暖方式的前提。

②散热器周边系统：散热器设置在周边地板上，一般采用热水或电热散热器，具有防止气流下降的功能，需要精确计算冷却和加热负荷，以避免冷热同时作用。

③变风量再热周边系统：在变风量末端装置中加再热盘管，一般采用热水，蒸汽或电加热盘管，在需要时进行辅助加热，保证送风温度，但控制程序较为复杂。

④变温度定风量周边系统：特点是送风量恒定，通过改变一次风与回风的混合比例来调节房间温度，回风部分还可全部吸收灯光热量。

⑤各种周边供暖方式一般应综合建筑功能、初投资、地域特征、室内装潢等多方面进行考虑选用。一般地说，对于周边热损失较大的情况，较好方式是考虑将加热器设置在窗台下或外墙底部，以免气流下沉，也可以采用吊顶暗装式送风，送风直接吹向外墙和窗户的方式。

4）自动控制

①变风量末端装置的控制：区域温度的控制通过DDC（直接数字控制）来控制节流型变风量末端装置节流阀的开度，调节一次风量，或通过调节风机动机型变风量末端装置中的风机转速来调节送风量以及调节变风量调节阀来实现的。

以采用的是与压力无关的变风量末端装置单元控制模式进行说明，该控制是由DDC控制器、进风口压差变送器、风阀驱动器和温度传感器等组成。

控制原理如图 2-5-2。

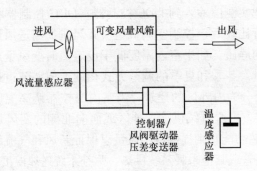

图 2-5-2　变风量末端装置的控制原理图

DDC 控制器（图 2-5-3）通过进风口压差变送器与风阀驱动器来控制供风量以保持一个恒定的空气流量。最小和最大送风量需求被设置是为了和使用的空间相适应。室内温度通过变风量末端装置设在房间的温控器进行设定，温控器本身自带温度传感器，当该空间内空调负荷改变时，调节室内温控器在新的设定值，DDC 控制器根据空间内温度传感器的信号，并与设定值进行比较，通过 PID 计算，直接控制末端装置的调节阀开度，来调节供风量以适应空间的需要。对于任何一个给定的设定，不管进风口中静压是否改变，DDC 控制器将保持恒定的空气流量。

图 2-5-3　变风量控制器

送入房间的实际风量可以通过变风量末端装置的检测装置进行检测，如果实际送风量与系统计算的送风量有偏差，则变风量末端装置自动调整进风口风阀开度以调整送风量。

由于房间送风量的变化，必将引起主干风道的静压变化，静压传感器采集到的数值与风管静压设定值进行比较，并将信号输入到空调机组变频器，通过变频器调整风机转速，使风管保持恒定的静压。

例如夏季，当室内温度高于设定值时，变风量末端装置将开

2. 新型空调和采暖技术

大风阀提高送风量，此时主送风道的静压 P 将下降，并通过静压传感器把实测值输入到 DDC 控制器，DDC 控制器将实测值与设定值进行比较后，控制空调机组变频风机提高送风量，以保持主送风道的静压。如果室内温度低于设定值时变风量末端装置将减小送风量。冬季和夏季的调节方式相同，但调节过程相反。

但对于分为内外区的建筑，当室内温控器调高温度，送风温度低于设定，内区继续供冷，外区或面向北侧的变风量末端装置（带辅助加热功能）则提供最小风量以保证新风和气流组织，并将启动加热盘管或其他采暖系统供热，弥补系统送风温度的不足。

② 空调机组（AHU）的控制：空调机组的送风量应根据送风管内的静压值进行相应调节，与变风量末端装置减少或者增加送风量以控制房间温度时相对应，一般情况下，空调机组送风机的性能曲线应相当平缓，在风机输入电源线路上加装变频器，根据 DDC 控制器的指示改变送风机的转速，控制总的送风量来满足空调系统的需求，使风量的减少不至于使送风静压过快升高。

控制原理如图 2-5-4。

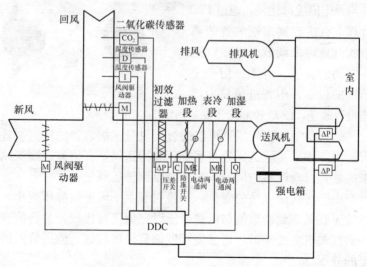

图 2-5-4　空调机组的控制原理图

2.5 变风量空调技术

具体控制过程如下:

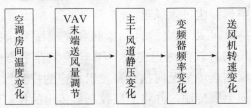

空调机组还能通过改变送风温度来适应区域内负荷的变化情况。具体是温度传感器测得室内温度以后,通过DDC控制器按预定程序分析计算后,在冬季调节热水的电动两通阀的开度,在夏季调节冷水的电动两通阀的开度,即调节流过加热或表冷盘管内的水流量,帮助维持室内设定温度。电动两通阀与风机连锁,在没有风机状态的情况下,夏季将冷水阀关死,冬季则应保留热水阀门30%的开度。

空调加湿量的增加或减少由回风管上的湿度传感器传出的信号,通过控制器处理,处理后的信号以控制加湿器控制箱,对加湿量进行调整。

当空调机组过滤器由于积灰堵塞出现压差变小甚至出现失效情况时,初效过滤器两侧的压差大于设定值时,则会自动报警,提醒有关人员进行及时的维修或采取更换等措施,保证系统正常运行。

空调机组盘管前端有防冻开关,当冬季室外温度过低,导致加热盘管前段温度低于临界温度时,为了防止冻坏盘管,此处的防冻开关传出状态信号,通过控制器的预定程序,关闭机组新风进口的电动风阀同时停机。

空调机组新、回风阀门可以进行调节,冬夏季在保证空调空间新风量需求的情况下,尽量减少室外新风的引入,以达到充分节能的目的。在过渡季节,通过调节新、回风阀门,充分利用室外新风,一方面可推迟用冷(热)的时间,可达到节能的目的,另一方面可增加空调区域内人员的舒适感。空调机组风阀在风机停止时关闭,启动风机时,风阀打开后,风机才能启动,并与风机联动。这样既可以防止冬季冷空气冻坏换热器盘管,也可以在停机时减少空气粉尘进入风道。

DDC控制器可以独立的自动监测和完成所要求的功能,所有的控制逻辑均有软件编程完成。DDC控制器主要负责收集传感器信号并根据现场情况向执行器发出相应的控制指令,将本区域内的信号向上层传输,并将上层控制器传出的控制信号转化成相应的控制指令。这样通过智能建筑管理系统BMS提供现场和远程监视和控制,维护人员可以从中央控制站读取区域温度和实际空气流量,并且不必进入房间来重新设置控制参数。DDC控制器其控制信号可分为模拟量和数字量两类,每类按功能又分为输出、出入两种。即ＡＩ:模拟量输入;AO:模拟量输出;ＤＩ数字量输入;DO:数字量输出。只要将类比信号经数位化处理输入电脑,DDC控制器就能作控制与设定。

当建筑物发生火灾时,由智能建筑管理系统BMS发出指令统一进行停机。

5) 有关设计还要考虑的几个问题

①变风量比:空调系统全年大部分时间运行在部分负荷工况下,也就是说,变风量空调系统的风机、风道以及末端装置的风量大部分时间都处于最大风量和最小风量两种极限状态之间,根据经验,如果在这两种极限状态下不发生问题,那么基本上可以保证系统大部分时间运行正常。最小设计风量与最大设计风量之比定义为变风量比(K_V)。一般情况下,房间的K_V值最好不要小于0.4~0.5,否则容易导致房间气流组织恶化、换气次数不足和噪声问题;系统的K_V值最好也不要小于0.4~0.5,否则会导致系统新风严重不足以及控制不稳定等问题。

②恒定新风:当总风量减少时,空调机组(AHU)新回风混合点处的压力(指绝对值)就会变小,从而导致总新风量减少。

新风量在各个房间之间是按负荷分配的,即使总新风量达到要求,有的房间也会有新风不足的问题。特别是由于送入房间的风量是变化的,所以房间的新风量必然也是变化的。

综合两个情况,都需要在设计时,有妥善的恒定新风考虑。

③噪声:在变风量空调系统中,比较大的噪声源除了送、回(排)风机(需配装消声器)外,还有末端装置,需要得到有效控制。如有条件,可以与建筑装修方面协调,看是否可以采用消声效果好的吊顶材料或其他措施。

④气流组织:在变风量送风的情况下,综合考虑空气温度、气流速度和人的舒适度三方面的因素,在设计时注意选用在相对较大的风量变化范围内,可以取得较好的气流组织效果的风口。

⑤房间正压度:由于变风量空调系统的新排风量和房间的送回风量是变化的,所以房间的正压也是波动的,而房间正压度与系统送回风匹配控制、新排风控制和房间的送回风方式有关,需要在设计时计算好。

(2)施工工艺

1)主要部件选用:变风量末端装置在种类选择时,应充分考虑末端的声学、控制性能以及房间功能要求,在尺寸选择时,一般在设计最大风量的基础上还要考虑一定的裕度以满足将来发展的需要。但是,末端选型不要过大。选型过大会减小风阀的调节范围,降低调节能力,极易导致末端风阀在小风量时产生振荡。

变风量末端装置需要结合流过末端装置的风速、风压,校核每个末端装置在最小、最大风量下产生的噪声。从使用角度考虑,选用入口直径不大于300mm为好。

条缝散流器和灯具散流器在相对较大的风量变化范围内,可以取得较好的气流组织效果,一般不使用普通的方形或圆形散流器,更不能采用侧送风口。

变风量风口,如图2-5-5。

2)安装时质量控制:变风量末端装置安装如图2-5-6~图2-5-8。

图2-5-5 变风量风口

2. 新型空调和采暖技术

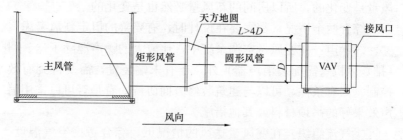

图 2-5-6　安装示意图

图 2-5-7

图 2-5-8

①由于毕托管压差测速要求气流稳定且在5m/s以上才能准确，变风量末端装置进风口侧接圆管长度必须大于4倍的进风口直径。

②与主支管的连接有一段500~1000mm软管，而且安装时必须拉直，并保证接头处严密不漏风。支管与条型风口消声静压箱的连接采用软连接。

③进风管的管径不得小于控制箱的引入管径，扩大接驳口尺寸并用天圆地方管径相接。

④主支管与主风道分支连接处必须加风量调节阀。风口消声静压箱上不需要安装风量调节阀。

⑤安装应设单独支、吊架，并留有足够的检修空间和位置。

⑥与风管连接前宜做动作试验。

3) 调试时质量控制

调试前应检查现场各个DDC控制器供电状况，机房内DDC箱供电电源电压AC220V，并检查网络是否接通，发现短路或失去联络，马上修正，检查DDC是否操作正常和是否连接到工作站。最后做进行DDC控制器程序下载及设置等工作。

调试时主要的质量控制要点列举如下：

①模拟输入信号（AI）：A.量度现场送风温度和湿度。B.量度室内温度和湿度。C.实际冷冻水供/回水温度等。

②模拟输出信号（AO）：A.冷水阀控制。B.变频器控制。C.新风阀、送风阀和排风阀控制等。

③数码输入信号（DI）：A.遥控状态。B.风机状态包括风机开关状态、风机跳闸报警等。C.过滤网堵塞报警。D.变频器故障。E.冷冻报警等。

④数码输出信号（DO）：A.风机开关控制。B.加湿器启停控制。C.加湿阀控制等。

3. 质量检验评定标准

变风量空调系统的质量验收应符合设计要求和《通风与空调工程施工质量验收规范》（GB 50243—2002）、《智能建筑工程质量验收规范》（GB 50339—2003）的规定。

(1) 控制风道整体漏风率

变风量空调系统要想达到设计的预期效果，需严格控制风道阻力的增加和漏风率。风管制作时，风管必须通过工艺性的检测或验证，其强度和严密性应符合设计或规范规定。风管系统安装完毕后，应按系统类别进行严密性检验，漏风量应符合规范规定。严密性检验包括漏光法检测及漏风量测试。施工单位按类别、抽检数量及方法进行检验，风管系统严密性检验的被抽检系统必须全数合格。

(2) 控制风道拼接缝严密性

风管制作组装时，要求所有联合角咬口及拼接缝先涂密缝胶，然后组装，法兰、腰箍处的铆钉，从内侧铆钉四周涂胶；法兰端面四角板边处孔洞涂胶，保证风管的严密性，防止漏风。

(3) 严格控制风道阻力

风道随建筑布置,有时需用弯头调整,或者采用来回弯,风道阻力将随之增加,可以做成内外侧的采用弧形连接,弯曲半径不得太小,变径部分的尺寸不得小于法兰端面的尺寸,这样进风顺利,减小了风道阻力。

(4) 做好各项调试工作

①制定调试方案:编制空调风及楼宇自控的调试方案,根据设计要求和调试方案,对空调机组、风道、变风量末端装置和DDC控制器等进行控制。

②测试步骤:变风量空调系统的风量平衡以楼层作为基本单元。先将系统所有阀门、风口、末端装置的阀门全开(此时管网阻力最小,风量最大),空调机组的变频器以额定转速(50Hz频率)启动,用毕托管和微压计测出风机进出口的全压、静压、动压,计算出系统总风量后与设计风量进行比较,比值误差不超过5%,总风量算出之后,从最远支路开始利用等比例法,对各支管规定的最大风量进行分配,先粗调、后精调,精调过程中在现场可以利用手提笔记本电脑与DDC控制器的接口连接,直接读出本台末端装置的出口风量以及房间温度。根据风量大小对支路阀门的开度进行2～3次的微调,也可以与智能建筑管理系统BMS联网,在中控室电脑上阅读和修改各项技术参数,这样结合调试可以加快调试过程。对所测出的各台末端装置的总风量与设计规定的最大风量之比值不超过10%(最大不超过15%)。

③测定截面位置选择:测试风管或风机前后的风压、风量应正确选择气流稳定的均匀部位,按气流方向,应选择在局部阻力之后,不小于4倍直径或局部阻力之前不小于1.5倍直径的直管段上。

④截面测点的确定:矩形风管上测点布置时,将风管截面分成若干等面积的小截面(面积不大于$0.05m^2$),测点位于小截面中心。

圆形风管截面上的测点布置时,将圆面积分成等面积的几个圆环,然后在小面积中心圆环上测定,每个圆环测四点,位于互相垂直的两个直径上,根据平均动压再求风量,并做好测试记录。

⑤风口风量的测试:风口风量的测定可以采用匀速移动法或定点测量法进行测试。匀速移动法重复2~3次,定点测量的测点视风口尺寸大小,测点不应少于5个点,用风速仪测试,所测试的平均风速乘以风口净面积,得到风口的风量值,风口风量与设计风量之比值偏差不超过10%。

⑥自控系统的调试:变风量空调系统的控制是由末端装置控制器,空调机组控制器及网络引擎组成的控制系统。

A. 变风量末端装置的静态调试:利用调试工具软件,在现场接通每台末端装置的控制器,分别对单风道节流型、风机动力型、加热盘管型进行静态调试,验证受控设备各个部件的动作及各类传感器对环境变化的响应。

B. 空调机组变频的测试:利用调试工具读取各个传感器的采样值并对各个传感器进行标定,检查控制器相应参数是否与之对应,验证设备的动作是否符合流程要求。

C. 变风量空调系统的平衡调试:检查设定的静压值,启动变风量送风系统,模拟风量负荷变化,监测风管末端最不利点静压值是否能维持在设定值上并保持稳定,记录不同情况下风机的转速负荷,调整参数定值,监测变风量装置并满足最小和最大风量的要求。

D. 变风量空调系统的动态调试:模拟现场环境,调节设定温度值,检查变风量末端装置在不同工作模式下的工作流程,并调整参数使其在各种情况下满足室内温度的要求。